Attwood/Garnett

Mit Asperger-Syndrom im Job zufrieden und erfolgreich sein

Prof. Tony Attwood PhD zählt zu den weltweit führenden Experten für Autismus-Spektrum-Störungen. Er ist klinischer Psychologe und hat sich schon früh seinem Herzensthema gewidmet, sodass er auf ca. 50 Jahre Erfahrung auf diesem Gebiet zurückblicken kann. Derzeit ist er außerordentlicher Professor an der Griffith University in Queensland. Er hat zahlreiche Werke über das Asperger-Syndrom verfasst. Sein erstes Buch mit dem Titel »Asperger's-Syndrome: A Guide for Parents and Professionals« wurde bereits 1998 veröffentlicht und in über 25 Sprachen übersetzt. Gemeinsam mit Dr. Michelle Garnett bietet er Workshops und Online-Kurse für Betroffene an.

Dr. Michelle Garnett lebt in Australien, ist klinische Psychologin und verfügt über 30 Jahre Erfahrung auf dem Gebiet der Autismus-Spektrum-Störungen. Besonders liegen ihr die psychische Gesundheit von Menschen im Autismus-Spektrum und Frauen mit dieser Erkrankung am Herzen. Sie bietet Seminare an verschiedenen australischen Universitäten und Online-Seminare für Betroffene an. Gemeinsam mit Tony Attwood hat sie bereits zahlreiche Bücher publiziert.

Prof. Tony Attwood PhD
Dr. Michelle Garnett

Mit Asperger-Syndrom im Job zufrieden und erfolgreich sein

Das 7-Schritte-Programm für Menschen im Autismus-Spektrum

TRIAS

Liebe Leserin, lieber Leser,

einen Arbeitsplatz zu finden und zu behalten, ist für jemanden mit Autismus-Spektrum-Störungen nicht einfach. Eine kürzlich durchgeführte Umfrage ergab, dass über 73 Prozent der Erwachsenen im Autismus-Spektrum Bedenken haben, einen Arbeitsplatz zu finden und zu behalten.[1] Eine Online-Forschungsumfrage unter mehr als 400 autistischen Erwachsenen ergab, dass nur 24 Prozent in Vollzeit und 16 Prozent in Teilzeit beschäftigt waren. Die Studie ergab auch, dass im Vergleich zu neurotypischen (nicht-autistischen) Befragten Menschen mit Autismus-Spektrum-Störungen statistisch gesehen häufiger wegen Angstzuständen, Depressionen oder anderen psychischen Ursachen für mindestens zwei Monate krankgeschrieben, mindestens ein Jahr lang arbeitslos und arbeitssuchend waren, disziplinarische Maßnahmen gegen sie ergriffen wurden, sie entlassen wurden oder einen Arbeitsplatz verließen, weil sie von Kollegen und Kolleginnen schlecht behandelt wurden.[2] Auch Eltern haben Sorgen, denn sie betrachten die Unterstützung ihrer Kinder bei der Arbeitssuche als ihre größte Priorität.[3] Wir wissen auch, dass ein Universitätsabschluss nicht automatisch zu beruflichem Erfolg führt, da nur wenige Erwachsene mit Autismus-Spektrum-Störungen in ihrem Studienfach arbeiten.[4] Wenn wir diejenigen Menschen im Autismus-Spektrum betrachten, die einen Arbeitsplatz haben, sind viele von ihnen überqualifiziert, das heißt, ihre Arbeit entspricht nicht ihren Fähigkeiten, Qualifikationen und Wünschen.[5]

Und das, obwohl Autismus mit Eigenschaften in Verbindung gebracht wird, die von Arbeitgebern und Arbeitgeberinnen gesucht werden, zum Beispiel Zuverlässigkeit, Genauigkeit, Ausdauer, Liebe zum Detail, Vorliebe für Routinen und Verfahren, Kreativität bei der Problemlösung, umfassendes Fakten- und Fachwissen, ein ausgeprägter Sinn für soziale Gerechtigkeit, die Fähigkeit, sich durch soziale Kontakte nicht ablenken zu lassen, das Talent, Fehler bei der Qualitätskontrolle zu erkennen, und die natürliche Fähigkeit, Informationen zu katalogisieren und Muster und Abläufe zu erkennen.

Eine erfolgreiche Karriere wird das Selbstwertgefühl und die Selbstidentität erheblich verbessern, dem Tag Struktur und Sinn geben und die Möglichkeit bieten, Freunde zu finden sowie ein höheres Einkommen und größere finanzielle Unabhängigkeit zu erreichen. Zudem ist sie ein wirksames Mittel gegen Minderwertigkeitsgefühle und Depressionen.

Wir haben dieses Buch geschrieben, damit Sie besser verstehen, wie sich die Symptome von Autismus-Spektrum-Störungen auf das Arbeitsleben auswirken, und um Ihnen Strategien anzubieten, wie Sie diese Merkmale in Ihrem Arbeitsumfeld berücksichtigen können. Daher ist das Buch für diejenigen wertvoll, die bereits beschäftigt sind, kann aber auch als Programm zur Vorbereitung auf eine künftige Beschäftigung oder einen Arbeitsplatzwechsel nützlich sein.

Aufgrund unserer umfangreichen klinischen Erfahrungen sind wir der Ansicht, dass kein Beruf aufgrund von Autismus automatisch als unmöglich angesehen werden kann. Das gilt für das Ingenieurwesen, die Informationstechnologie, die Buchhaltung und Wissenschaftlerinnen an Universitäten genauso wie für bildende Künstler, Musikerinnen oder Autoren. Wir kennen Erwachsene mit Autismus-Spektrum-Störungen, die erfolgreich in Pflegeberufen tätig sind – von der Krankenpflege bis zur Psychologie –, aber auch beim Militär, bei der Polizei und in der Politik sowie in Berufen, die mit Tieren zu tun haben, zum Beispiel als Tierärztin oder Tierpfleger. Es gibt keine automatische Einschränkung bei der Berufswahl für Menschen mit Autismus-Spektrum-Störungen.

Wie findet man den richtigen Beruf?

Die erste Möglichkeit besteht darin, zu prüfen, ob es Beschäftigungsmöglichkeiten für ein besonderes Interesse oder Talent gibt, das mit der Autismus-Spektrum-Störung und der eigenen Persönlichkeit in Verbindung steht. Ein besonderes Interesse für LEGO® in der Kindheit, das sich in der Pubertät zu einem intensiven Interesse an der Konstruktion von Maschinen entwickelt, könnte die Grundlage für eine erfolgreiche Karriere im Maschinenbau werden. Eine Faszination für Freundschaft in der Kindheit kann sich im Jugendalter zu einem Interesse an Psychologie entwickeln und im Erwachsenenalter zu einem erfolgreichen Beruf in der Pflege, zum Beispiel als Berater oder klinische Psychologin führen.

Wir empfehlen dringend, dass Jugendliche im Autismus-Spektrum in der weiterführenden Schule eine ausführliche Bewertung ihrer beruflichen Fähigkeiten erhalten. So lässt sich feststellen, ob ein besonderes Interesse die Grundlage für eine potenzielle berufliche Laufbahn sein könnte, und ermitteln, in welchen Bereichen ihre beruflichen Fähigkeiten verbessert werden können.

Gibt es eine Vorgeschichte von gescheiterten Beschäftigungsverhältnissen, kann das wertvolle Informationen darüber liefern, welche Fähigkeiten oder Beschäftigungsmöglichkeiten erforderlich sind und welche Jobs oder Arbeitsplätze zu vermeiden sind. Es kann sein, dass es mehrere Anläufe braucht, bis man den richtigen Job beim richtigen Arbeitgeber findet.

Bei der Suche nach einem Arbeitsplatz, der den Fähigkeiten, Interessen, Qualifikationen und der Persönlichkeit entspricht, ist es wichtig, vorher so viele Informationen wie möglich zu bekommen, zum Beispiel über die sozialen und sensorischen Aspekte des Arbeitsplatzes und, wenn möglich, über die Einstellung der Vorgesetzten und der Arbeitskollegen und -kolleginnen gegenüber jemandem mit Autismus-Spektrum-Störungen. Menschen im Autismus-Spektrum haben manchmal einen »sechsten Sinn« und können die soziale Atmosphäre einer neuen Situation schnell einschätzen. Eine positive oder negative Einstellung kann sich bei einem Treffen mit den zukünftigen Kollegen und Kolleginnen und einem Blick auf das Arbeitsumfeld vor oder während des Vorstellungsgesprächs zeigen. Wir empfehlen, auf diese Intuition zu vertrauen.

Beim Erstellen der Bewerbung und insbesondere bei der Entscheidung, ob die Autismus-Spektrum-Störung offengelegt werden soll, ist wahrscheinlich eine Beratung erforderlich. Sie sind nicht verpflichtet, eine Autismus-Spektrum-Störung bei einer Bewerbung offenzulegen. Es ist Ihre persönliche Entscheidung, ob die Offenlegung das Erreichen eines Vorstellungsgesprächs erleichtern oder behindern würde. Es ist auch wichtig, was Sie zum Vorstellungsgespräch anziehen. Und üben Sie, wie Sie die erwarteten Fragen während des Gesprächs beantworten könnten.

Wenn Sie die Autismus-Spektrum-Störung in Ihrer Bewerbung erwähnen, kann es von Vorteil sein, eine kurze Erläuterung über Autismus und die damit verbundenen Eigenschaften in Bezug auf die Stelle vorzubereiten. Diese können Sie der Bewerbung beifügen oder den Personen, die das Vorstellungsgespräch führen, aushändigen.

Ein Vorstellungsgespräch ist eine komplexe soziale Prüfung. Es wird erwartet, dass man die Körpersprache der Gesprächspartner richtig deutet und ihre Fragen kurz und ehrlich beantwortet. Ein Bewerber oder eine Bewerberin mit Autismus-Spektrum-Störungen hat möglicherweise Schwierigkeiten, die nonverbalen Signale und sozialen Konventionen in einem Vorstellungsgespräch zu erkennen. Wir empfehlen dringend, Interviewtechniken zu üben und ein aussagekräftiges Portfolio relevanter Arbeitserfahrungen zusammenzustellen, die im Mittelpunkt des Gesprächs stehen können. Wenn diejenigen, die das Vorstellungsgespräch führen, wissen, dass Sie eine Autismus-Spektrum-Störung haben, ist es hilfreich, ehrlich zu sein und einige der Schwierigkeiten zu beschreiben, die damit verbunden sind. Weisen Sie aber vor allem darauf hin, dass diese wesentlich geringer sind als die positiven Eigenschaften, die durch die Autismus-Störung mit der Stelle verbunden sind, und dass es Strategien gibt, die eine erfolgreiche Beschäftigung erleichtern. Dieses Buch wurde geschrieben, um diese Strategien zu vermitteln.

In früheren Generationen waren autistische Männer am ehesten in handwerklichen Berufen, zum Beispiel als Uhrmacher, Juweliere und Schreiner, zu finden. Das konnten Beschäftigungen sein, die allein ausgeführt wurden und bei denen der Schwerpunkt eher auf Qualität als auf Quantität lag. Außerdem waren sie mit relativ wenig Stress verbunden im Vergleich zur modernen Gesellschaft, in der Produktionsraten und soziale Vernetzung im Vordergrund stehen. In der Vergangenheit hatten Frauen weniger Karrieremöglichkeiten und wurden aktiv davon ausgeschlossen, zum Beispiel in Medizin, Rechtsprechung und Kirche.

Während moderne Arbeitspraktiken und -erwartungen Männern und Frauen mit Autismus-Spektrum-Störungen den Weg in die Arbeitswelt in allen Bereichen eröffnet haben, verursachen moderne Arbeitsplätze großen Stress und Leid für Menschen im Autismus-Spektrum.

Jede berufliche Laufbahn oder spezifische Beschäftigungsposition muss im Hinblick auf das Stressniveau und die Bewältigung von Veränderungen bei den Arbeitsanforderungen, der Arbeitsbelastung und der sozialen und zwischenmenschlichen Dynamik des Arbeitsplatzes bewertet werden. Unser 7-Schritte-Programm wurde entwickelt, um Menschen mit Autismus-Spektrum-Störungen spezifische Strategien zur Bewältigung von Stress, sensorischen Verarbeitungsunterschieden, sozialen Kommunikationsproblemen und Schwierigkeiten bei der Ausführung von Aufgaben am Arbeitsplatz zu vermitteln. Mit diesen Strategien ist eine erfolgreiche Karriere für Arbeitnehmer und Arbeitnehmerinnen mit Autismus-Spektrum-Störungen in Reichweite.

Einführung in unser Programm

Willkommen beim 7-Schritte-Programm für Zufriedenheit und Erfolg im Job. Es wurde entwickelt, um Menschen mit einer Autismus-Spektrum-Störung (ASS) der Stufe 1 (früher bekannt als Asperger-Syndrom) dabei zu helfen, sich auf eine Beschäftigung vorzubereiten, am Arbeitsplatz erfolgreich zu sein und Fortschritte zu erzielen.

Das Programm ist als Selbsthilfehandbuch konzipiert, das zu Hause durchgeführt wird. Der Vorteil eines häuslichen Programms ist, dass die Aktivitäten in jeder Einheit des Programms mit maximaler Motivation, Aufmerksamkeit und Klarheit der Gedanken durchgeführt werden können. Die Aktivitäten und Einheiten können über den Tag oder die Woche verteilt werden. Die Zeit, die für die Durchführung einer bestimmten Aktivität benötigt wird, kann bei Bedarf verlängert werden, sodass mehr Gelegenheit zum Nachdenken, zur Suche nach Beispielen und zur praktischen Anwendung im Arbeitsumfeld besteht. Es ist jedoch auch wichtig, die Probleme zu erkennen und zu berücksichtigen, die mit einem häuslichen Programm verbunden sind, wie zum Beispiel Ablenkungen durch Fernsehen oder Computer sowie Haus- oder Familienarbeit.

Unsere Grundsätze

Menschen im Autismus-Spektrum bringen viele Gaben und Stärken in die Gemeinschaft ein, auch an ihrem Arbeitsplatz. Sie haben eine andere, keine fehlerhafte Art der Wahrnehmung, des Denkens, des Lernens und der Beziehung. Dieses Profil von Fähigkeiten kann zu einer erfolgreichen Karriere beitragen. Sie benötigen jedoch eine Arbeitskultur, die sie unterstützt, die offen, flexibel und respektvoll ist und die mit den Besonderheiten von Autismus-Spektrum-Störungen vertraut ist.

Wie läuft das Programm ab?

Unser 7-Schritte-Programm wurde ursprünglich so konzipiert, dass es in sieben Einheiten von jeweils zwei Stunden mit einer kleinen Gruppe von Erwachsenen im Autismus-Spektrum durchgeführt werden kann, die eine Beschäftigung suchen oder die Beratung benötigen, um ihre Beschäftigung zu behalten und am Arbeitsplatz aufzusteigen. Wir ermutigen Sie, jede Einheit (Stufe) in Ihrem eigenen Tempo durchzuarbeiten und ihr, wenn möglich, zwei Stunden pro Woche zu widmen.

Jede Einheit entspricht einem Werkzeug aus dem »Autismus-Werkzeugkasten«. Der Begriff »Werkzeugkasten« hat sich sehr bewährt, Menschen mit Autismus-Spektrum-Störungen in die Lage zu versetzen, ihre Stärken zu nutzen und Herausforderungen zu bewältigen. Die Stufen 1–6 des Programms entsprechen sechs wichtigen Werkzeugsätzen im Werkzeugkasten:

1. Werkzeuge zur Stressbewältigung
2. Werkzeuge für das sensorische Management
3. Werkzeuge bei sozialen Schwierigkeiten
4. Werkzeuge für mehr Selbstbewusstsein
5. Werkzeuge gegen nicht hilfreiche Denkmuster
6. Organisatorische Werkzeuge

Diese sechs Einheiten wurden sorgfältig ausgewählt und so gestaltet, dass sie direkt auf die wichtigsten Probleme eingehen, die bei Menschen im Autismus-Spektrum am Arbeitsplatz auftreten können, basierend auf Forschungsergebnissen und unserer klinischen Erfahrung.

Die 7. Stufe dient dazu, das zuvor Gelernte in den Arbeitsalltag zu integrieren und zu festigen. In dieser Stufe werden Sie einen persönlichen Beschäftigungsplan erstellen, der nicht nur das zuvor gelernte Material enthält, sondern auch die Festlegung persönlicher Ziele, die Planung, die Zusammenstellung Ihres Unterstützungsteams und einen Plan zur Selbstkontrolle. Ihr persönlicher Beschäftigungsplan ist sowohl als Planungs- als auch als Kommunikationsinstrument gedacht.

Unser Programm ist so konzipiert, dass die Bereiche, in denen bei Ihnen Entwicklungspotenzial besteht, identifiziert und bewertet werden können. Außerdem kann ein Plan zur Lösung von identifizierten Problemen erstellt werden. Anhand von speziell entwickelten Fragebögen, die Sie während des Programms ausfüllen, werden Ihre wichtigsten Stärken und Herausforderungen ermittelt. Wir stellen auch acht originale Videos in englischer Sprache bereit, die arbeitsplatzrelevante Aspekte im Autismus-Spektrum erklären.

Der Kurs umfasst eine persönliche Reflexion, die Durchführung von Aktivitäten und die Beratung durch einen Mentor oder eine Mentorin. Durch diese Lernmodalitäten erhalten Sie Ideen und Strategien zur Lösung von Problemen, die entweder am Arbeitsplatz oder zu Hause auftreten und die Ihren beruflichen Erfolg behindern könnten.

Wir ermutigen Sie dazu, einen oder mehrere Bereiche zu wählen, in denen Sie sich weiterentwickeln möchten, und zwar auf der Grundlage Ihres eigenen Lernens während des Programms. Der Abschluss des Programms gibt Ihnen eine Reihe von Instrumenten an die Hand, die Sie benötigen, um Ihre beruflichen Ziele zu setzen und zu erreichen. Ihr persönlicher Beschäftigungsplan kann mit Ihrem Unterstützungsteam geteilt werden, das Sie dann bei der Erreichung Ihrer Ziele sinnvoll unterstützen kann. Sie können ihn immer wieder als Planungs- und Kommunikationsinstrument in Ihrem Arbeitsumfeld verwenden.

Welche Materialien stehen zur Verfügung?

Wir haben in diesem Buch verschiedene Materialien für Sie zusammengestellt:

- 6 Fragebögen
- Aktivitäten für jede der sechs Stufen
- persönlicher Beschäftigungsplan

Außerdem sind in englischer Sprache verfügbar:

- 8 Videoaufnahmen
- 4 Audioaufnahmen
- 3 Videoaufnahmen zur Erläuterung des Kurses für Ihr Unterstützungsteam

Unsere Original-Videos und -Audios in englischer Sprache finden Sie auf unserer Website (Seite 150).

Videos in englischer Sprache:

- The interplay between stress and autism (Stufe 1)
- Learning to relax (Stufe 1)
- Sensory perception and autism (Stufe 2)
- Social difficulties and autism (Stufe 3)
- Meditation resources (Stufe 4)

- Recognizing and challenging your own thinking patterns (Stufe 5)
- Thinking and learning in autism (Stufe 6)
- Strategies for organizational difficulties (Stufe 6)
- Videos for a support team

Liste der Audios in englischer Sprache:
- Progressive Muscle Relaxation
- Meditation

Fragebögen auf Deutsch:
- Stärken und Herausforderungen am Arbeitsplatz (Seite 30)
- Erkennen der persönlichen Anzeichen von Angst und Stress (Seite 32)
- Was stresst Sie? (Seite 34)
- Depressions-, Angst- und Stressskala-21 (DASS-21, Seite 35)
- Lernen Sie Ihr sensorisches Profil kennen (Seite 58)
- Besondere Fähigkeiten im Denken und Lernen (Seite 118)
- Kognitive und/oder organisatorische Schwierigkeiten (Seite 121)

DASS-21: Die Depressions-, Angst- und Stress-Skala-21 (DASS-21) befindet sich nicht im Buch. Sie wird jedoch während des Programms benötigt und ist online kostenlos erhältlich. Einen Link finden Sie in den Empfehlungen der deutschen Redaktion (Seite 151). Füllen Sie diesen Fragebogen vor Beginn des Programms aus und werten Sie ihn aus.

Zusatzmaterialien

Bitte beachten Sie, dass sich alle Materialien, die Sie benötigen, im Buch befinden, einschließlich der Fragebögen und Aktivitäten. Für den Zugriff auf unsere Original-Audio- und Videoaufnahmen in englischer Sprache besuchen Sie unsere Website (Seite 150).

Beratung durch einen Mentor oder eine Mentorin

Unser 7-Schritte-Programm ist eine Selbsthilfemaßnahme. Die Forschung zeigt jedoch, dass die effizienteste und effektivste Art, eine Selbsthilfemaßnahme durchzuführen, darin besteht, das Programm unter Anleitung einer Mentorin oder eines Mentors zu absolvieren. Wir empfehlen Ihnen daher dringend, sich eine Person zu suchen, die Ihnen hilft, sich selbst zu verstehen, eine andere Perspektive einzunehmen und eine breitere Palette von Strategien zu entwickeln. Bei dem Mentor oder der Mentorin kann es sich um ein Familienmitglied, eine Unterstützungsperson, vielleicht von einer Arbeitsagentur, eine Freundin, einen Lebensberater oder eine klinische Psychologin handeln.

Die Unterstützung kann durch ein persönliches Gespräch, über das Internet, per Telefon, E-Mail oder jede andere von Ihnen bevorzugte Kommunikationsmethode erfolgen.

Obwohl wir Ihnen dringend empfehlen, das Programm mit der Unterstützung eines Mentors oder einer Mentorin zu absolvieren, verstehen wir, dass dies für Sie vielleicht nicht möglich oder wünschenswert ist. In diesem Fall ist es durchaus möglich, das Programm in Eigenregie durchzuführen.

Unabhängig davon, ob Sie das Programm in Eigenregie oder unter Anleitung einer Mentorin oder eines Mentors absolvieren, ist es für Sie, aber auch für unterstützende Personen wichtig, sich Ihres persönlichen Lernstils bewusst zu werden. Die Anpassung und Berücksichtigung der Art und Weise, wie Sie lernen, wird die Effektivität des Programms erhöhen.

Einzigartiger Lernstil im Autismus-Spektrum

Die Art und Weise, wie Sie lernen, ist der Grund dafür, dass Sie einen Arbeitsplatz finden können, der zu Ihnen passt. Aber der Lernstil könnte auch einige Herausforderungen mit sich bringen. Menschen mit Autismus-Spektrum-Störungen haben einen atypischen Wahrnehmungs-, Lern- und Denkstil, der sowohl Lerntalente als auch Lernschwierigkeiten beinhaltet. Wir wollen Ihnen dabei helfen, Ihren eigenen Lernstil zu erkennen, zu verstehen und ihm gerecht zu werden.

Bedürfnis nach Beständigkeit und Sicherheit

Menschen im Autismus-Spektrum scheinen ein starkes Bedürfnis nach Beständigkeit und Sicherheit in ihrem täglichen Leben zu haben. Routine und Vorhersehbarkeit sind für sie sehr wichtig. Außerdem brauchen sie oft eine sorgfältige mentale Vorbereitung auf unerwartete Veränderungen und in Zeiten des Übergangs.

Wenn Sie dieses Programm allein oder mit einem Mentor oder einer Mentorin durcharbeiten, empfehlen wir Ihnen, für die Aktivitäten ein bestimmtes Zeitfenster zu reservieren, zum Beispiel jede Woche oder alle zwei bis drei Tage, je nachdem, wie schnell Sie den Kurs absolvieren möchten. Achten Sie darauf, dass die gewählte Zeitspanne Ihrer Konzentrationsfähigkeit entspricht, bis zu 50 Minuten am Stück. Tragen Sie diese Zeiten in Ihren Terminkalender ein und behandeln Sie sie wie besonders wichtige Termine, zum Beispiel ein Vorstellungsgespräch oder eine Besprechung mit Ihrem Arbeitgeber. Dieses Vorgehen sorgt nicht nur für Vorhersehbarkeit, sondern auch für das konsequente Engagement, das für das Programm erforderlich ist. Nur so können Sie die positiven Veränderungen herbeiführen, die eine erfolgreiche berufliche Entwicklung fördern.

Intellektuelle Stärken beim Lernen

Im Autismus-Spektrum kommt es häufig vor, dass die visuellen und verbalen Denkfähigkeiten und der Lernstil einer Person stark voneinander abweichen. Zum Beispiel kann es sein, dass Ihre visuellen Denkfähigkeiten stärker ausgeprägt sind als Ihre verbalen, Sie lernen also mehr durch Zuschauen als durch Zuhören. In diesem Fall werden Sie sehr von Videos profitieren, in denen Sie sich selbst bei der Anwendung der neuen Fähigkeiten anschauen können, sowie von Rollenspielen mit Ihrem Mentor oder Ihrer Mentorin.

Sind Ihre verbalen Fähigkeiten stärker ausgeprägt als Ihre visuellen, werden Sie die vorbereitenden Texte, die Diskussionen mit Ihrer Mentorin oder Ihrem Mentor und das Aufschreiben und Wiederlesen Ihrer Selbstreflexionen sehr schätzen und am meisten daraus lernen.

Unabhängig von Ihrem Lernstil werden Sie von der praktischen Anwendung der Fertigkeiten und der anschließenden Selbstreflexion darüber profitieren.

Anpassung an unterschiedliche Lernstile:

- Machen Sie sich Ihren Lernstil (visuell oder verbal) bewusst und teilen Sie ihn Ihrem Mentor oder Ihrer Mentorin mit.
- Achten Sie darauf, in allen Stufen des Programms sowohl visuelle (Rollenspiele, Vorführungen, praktische Übungen, Visualisierung) als auch verbale (Lesen, Schreiben, Diskussion) Verfahren zu verwenden.

Aufmerksamkeitsschwierigkeiten

Menschen im Autismus-Spektrum haben oft Aufmerksamkeitsschwierigkeiten, zum Beispiel Probleme, ihre Aufmerksamkeit über längere Zeit auf Themen zu richten, die sie nicht interessieren, oder Schwierigkeiten, länger relevante Informationen aufzunehmen und sich nicht ablenken zu lassen. Dazu gehören auch die Ablenkung durch innere Vorstellungen (zum Beispiel Tagträume) und sensorische Erfahrungen. Darüber hinaus können einige Menschen im Autismus-Spektrum impulsiv und hyperaktiv sein und motorische Unruhe zeigen (sie haben Schwierigkeiten, still zu sitzen).

Hilfen bei Aufmerksamkeitsschwierigkeiten:

- Teilen Sie den Stoff, auf den Sie sich konzentrieren müssen, in Einzelteile auf, sodass Sie sich nicht länger als 10 bis 20 Minuten mit einem Thema befassen müssen. Machen Sie danach eine mentale Pause.
- Legen Sie eine mentale Pause ein, um sich den Übergang zur nächsten Tätigkeit zu erleichtern. Sagen Sie sich zum Beispiel nach einer Lese-, Seh- oder Schreibaktivität: »Okay, das ist das Ende dieser Tätigkeit.« Stehen Sie auf und machen Sie eine Bewegungspause, bevor Sie die nächste Aktivität beginnen.
- Möglicherweise kann Ihnen jemand helfen, mit dem Programmmaterial Schritt zu halten.
- Verwenden Sie einen Textmarker, um wichtige Informationen innerhalb Ihrer Aktivitäten zu markieren. So finden Sie die Stelle leichter wieder und können nachlesen, was für Sie in dieser Stufe wichtig ist.
- Arbeiten Sie an den Aktivitäten in einer Umgebung, in der es keine oder nur wenige Ablenkungen und störende sensorische Erfahrungen gibt.
- Planen Sie regelmäßige Pausen ein und wechseln Sie zwischen den verschiedenen Aktivitäten, um Ihre Aufmerksamkeit und Lernfähigkeit zu steigern.

Probleme beim Organisieren und Planen

Bei vielen Menschen im Autismus-Spektrum wird auch eine Aufmerksamkeitsdefizitstörung (ADS), eine Aufmerksamkeitsdefizit-und-Hyperaktivitätsstörung (ADHS) oder eine Kombination dieser Erkrankungen diagnostiziert. Daher wissen Sie vielleicht, dass Sie Probleme im Bereich der sogenannten »exekutiven Funktionen« haben, zu denen Organisations- und Planungsfähigkeiten, Zeitmanagement, Planung, Multitasking, Arbeitsgedächtnis (insbesondere das Gedächtnis für gesprochene Anweisungen), Aufschiebeverhalten und das Setzen von Prioritäten gehören.

Hilfen beim Organisieren und Planen:

- Stellen Sie sicher, dass Sie alle elektronischen Geräte ausgeschaltet und für die Dauer des Programms weggelegt haben.
- Planen Sie zwei kurze (zwei bis drei Minuten) und eine lange (15 Minuten) Pause zwischen den einzelnen Aktivitäten in jeder Stufe ein.
- Arbeiten Sie an dem Programm in einem ruhigen Raum mit minimalen visuellen und auditiven Ablenkungen und einem bequemen Sitzplatz.
- Verwenden Sie Fidget Toys, um Ihre Aufmerksamkeit zu fördern, oder lassen Sie beruhigende Musik im Hintergrund laufen.
- Es gibt Lese-, Hör-, Reflexions-, interaktive und Schreib- oder Tippaktivitäten. Es ist hilfreich, immer nur eine dieser Aktivitäten zu machen.

Das Programm wechselt zwischen verschiedenen Aktivitäten wie Lesen, Schreiben, Reflektieren, Videos ansehen, praktischen Übungen und Gesprächen mit Ihrem Mentor oder Ihrer Mentorin, falls Sie sich dafür entschieden haben. Dieser Wechsel soll die Konzentration und das Energieniveau hochhalten. Wenn Ihre Energie trotzdem nachlässt, empfehlen wir Ihnen die folgenden Aktivitäten.

Hilfen für mehr Energie:

- Üben Sie entspannende Yogastellungen, zum Beispiel »herabschauender Hund«, »unterstützter Schulterstand« an der Wand oder die »Stellung des Kindes«.
- Dehnen Sie sich und machen Sie einen Spaziergang durch den Raum oder im Freien.
- Bereiten Sie sich eine Tasse Tee oder Kaffee zu.
- Machen Sie eine dreiminütige Achtsamkeitsübung: Richten Sie zum Beispiel Ihre Aufmerksamkeit auf die Informationen, die durch jeden der fünf Sinne in Ihr Bewusstsein gelangen. Konzentrieren Sie sich mit geschlossenen Augen auf einen Sinn nach dem anderen.

Einseitiges Denken

Für Menschen im Autismus-Spektrum kann es schwierig sein, eine andere Perspektive oder Strategie in Betracht zu ziehen. Diese Starrheit im Denkstil kann als »einseitiges Denken« bezeichnet werden, bei dem die Person auf eine Strategie beschränkt zu sein scheint und Schwierigkeiten hat, flexibel zu denken und neue Informationen aufzunehmen oder etwas Neues auszuprobieren.

Einseitiges Denken ist im Autismus-Spektrum sehr häufig. Wir haben jedoch festgestellt, dass diese Starrheit nachlässt, wenn die Person selbstbewusster und entspannter ist. Daher kann dieser Denkstil in Zeiten von großer Angst oder Stress zu einem größeren Problem werden.

Hilfen gegen einseitiges Denken:

- Entspannen Sie sich und überlegen Sie sich mehrere Perspektiven und Strategien. Machen Sie sich für jede Perspektive oder Strategie ein Kompliment, zum Beispiel »Gut gemacht, das ist eine tolle Idee.«
- Nehmen Sie sich etwas Zeit für eine ganz andere Tätigkeit, die einen anderen Teil des Gehirns anspricht, bevor Sie flexibel denken müssen. Gehen Sie zum Beispiel spazieren oder machen Sie eine Achtsamkeitsübung (Seite 16).
- Schreiben Sie Ihre Ideen auf, unabhängig davon, wie lächerlich oder nutzlos sie Ihnen erscheinen mögen. Seien Sie offen. Viele Menschen im Autismus-Spektrum beschreiben, dass Ihnen die besten Ideen kommen, wenn sie sich frei und ohne Beurteilung ausdrücken können.
- Wenn Sie wegen eines Problems sehr angespannt oder gestresst sind, üben Sie die Progressive Muskelentspannung, um Ihrem Körper eine Pause von der Anspannung zu gönnen (Seite 49). Oder verwenden Sie die in Stufe 5 beschriebenen Denkwerkzeuge, insbesondere die Aktivität »Hinterfragen von nicht hilfreichen Denkmustern« (Seite 108), um nicht hilfreiche und/oder unrealistische oder negative Denkmuster zu bewältigen, die Ihnen im Weg stehen.
- Besprechen Sie mit Ihrer Mentorin oder Ihrem Mentor, welche anderen Möglichkeiten es gibt, flexibles Denken zu fördern.

Angst vor Fehlern

Menschen im Autismus-Spektrum haben häufig Angst, einen Fehler zu machen, oder sie haben Lampenfieber. Ein Merkmal von Autismus-Spektrum-Störungen ist der Wunsch, von anderen als intelligent wahrgenommen zu werden. Leider kann ein Fehler dazu führen, dass man fälschlicherweise für inkompetent oder dumm gehalten wird. Es kann auch die Angst bestehen, von anderen beurteilt oder lächerlich gemacht zu werden. Die Möglichkeit, einen Fehler zu machen, ein Misserfolgserlebnis zu haben oder bewertet zu werden, kann zu einer extremen emotionalen Belastung führen.

Hilfen gegen Angst vor Fehlern:

- Loben und ermutigen Sie sich selbst für jeden Vorschlag oder jede Antwort, die Sie aufschreiben.

- Nehmen Sie einen positiven Problemlösungsansatz an und erinnern Sie sich daran, dass »Fehler« ein wichtiger Teil des Lernprozesses sind. Einen Fehler zu machen, bedeutet nicht, dass man dumm ist.
- Denken Sie daran, dass Ihr Denken weniger flexibel und rational ist, wenn Sie Angst haben, einen Fehler zu machen. Wenn Sie ruhig bleiben, werden Sie klüger sein.

Besondere Interessen

Viele Menschen im Autismus-Spektrum entwickeln im Laufe ihres Lebens viele spezielle Interessen. Diese können eine Quelle des Selbstwertgefühls sein, ein Mittel, um Freundschaften mit anderen zu schließen, die das gleiche Interesse teilen, ein Gedankenblocker gegen Ängste und ein Energiespender, wenn sie erschöpft sind oder sich deprimiert fühlen. Sie können möglicherweise auch die Grundlage für eine erfolgreiche und befriedigende berufliche Laufbahn aufgrund anerkannter Fähigkeiten werden, die in der Zeit, die sie mit dem besonderen Interesse verbracht haben, entwickelt wurde.

Diese Interessen können im Rahmen unseres 7-Schritte-Programms genutzt werden, um Ihr Engagement, Ihr Verständnis von Konzepten und Ihr Gedächtnis zu verbessern. Eine unserer Gruppenteilnehmerinnen, eine Kleinkindpädagogin, hatte zum Beispiel ein besonderes Interesse und Talent für Bildung. Sie nutzte ihr Talent als Erzieherin, um den Stoff unseres Programms mithilfe von bunten Bildern und Farbkodierungen zusammenzufassen. Das half ihr nicht nur, sich an den Stoff zu erinnern und ihn zu begreifen, sondern auch, ihn später in ihrem Berufsleben anzuwenden.

Berücksichtigung von Sonderinteressen:

- Schreiben Sie Ihre besonderen Interessen und alle Fähigkeiten und Talente auf, die Sie erworben haben und einsetzen, um diesen Interessen nachzugehen.

____

____

____

____

____

- Verwenden Sie Ihre besonderen Interessen als Bezugspunkt oder Metapher während des Programms, wenn Sie ein Konzept nicht verstehen oder nicht wissen, was zu tun ist. Wenn Sie sich zum Beispiel für Dr. Who interessieren, erinnern Sie sich daran, dass Dr. Who in einer Krise immer ruhig und rational ist.

Alexithymie

Etwa 80 Prozent der Menschen im Autismus-Spektrum leiden unter Alexithymie, auch »Gefühlsblindheit« genannt. Dabei handelt es sich um eine Erkrankung, bei der die Betroffenen nur über einen begrenzten Wortschatz verfügen, um ihre emotionalen Erfahrungen oder Gefühle sprachlich zu beschreiben. Die Person ist vielleicht in der Lage, grundlegende Gefühle wie glücklich und traurig zu beschreiben, aber es fällt ihr schwer, subtilere oder komplexere Emotionen zu beschreiben, zum Beispiel leicht gereizt, verwirrt, eifersüchtig oder verlegen zu sein. Es ist wichtig, dass Sie sich darüber im Klaren sind, wenn das bei Ihnen so ist. Wenn Sie Ihre Gefühle oder Gedanken nicht so leicht in Worte fassen können, sollten Sie Strategien entwickeln, die Ihnen am Arbeitsplatz helfen.

Hilfen bei Alexithymie:

- Wenn Sie nicht genau wissen, wie Sie Ihre Gefühle beschreiben sollen, können Sie die Stärke des Gefühls mithilfe einer Thermometerskala oder einer Zahl von 0 bis 100 angeben und so die wahrgenommene Intensität der emotionalen Erfahrung mitteilen.
- Verwenden Sie eine andere Art der Kommunikation, zum Beispiel indem Sie sagen, dass Ihre Gefühle durch ein bestimmtes Lied oder Musikstück gut beschrieben werden, oder suchen Sie im Internet nach Bildern oder Fotos, denn »ein Bild sagt mehr als tausend Worte«.
- Schreiben Sie eine E-Mail, in der Sie Ihre Gedanken und Gefühle erklären. Manchmal ist es einfacher, Gedanken und Gefühle zu beschreiben, als sie in einem Gespräch zu erklären.
- Versuchen Sie, Ihrem Mentor oder Ihrer Mentorin Ihre Gedanken und Gefühle zu erklären und fragen Sie um Rat. Oder nehmen Sie die Erklärung mit der Kamera auf und schauen Sie sich das Video an, um zu sehen, ob das, was Sie gesagt haben, mit Ihren Gedanken und Gefühlen übereinstimmt.

Selbstauskunft am Arbeitsplatz

Menschen im Autismus-Spektrum haben aufgrund ihrer Alexithymie nicht nur häufig Schwierigkeiten, ihre Gefühle auszudrücken, sondern können auch erhebliche

Schwierigkeiten haben, auf Fragen wie »Warum hast du das getan?« eine in sich schlüssige, verständliche und überzeugende Antwort zu geben. Trotz Unterstützung und Ermutigung kann es oft sein, dass die Antwort lautet: »Ich weiß es nicht.« Die Person hat möglicherweise Schwierigkeiten mit der Introspektion (dem Nachdenken über Gedanken), was die Selbstauskunft behindert. So kann es sein, dass die Person zögert, Kolleginnen und Vorgesetzten ihre Gedanken und Gefühle mitzuteilen, weil »es so schwierig ist, sie ihnen zu erklären, und sie mich einfach nicht zu verstehen scheinen«.

Eine Person im Autismus-Spektrum erkennt möglicherweise nicht, dass es am Arbeitsplatz nützlich sein kann, andere um Hilfe zu bitten oder Teil eines Unterstützungsteams zu sein. Es kann ein Mangel an Vertrauen bestehen, wenn die Person zu viele negative soziale Interaktionen erlebt hat, um selbstsicher zu sein. Sie versteht deshalb nicht, dass es risikolos ist, der Kollegin oder dem Kollegen Informationen zu geben oder um Unterstützung zu bitten.

Eine weitere Schwierigkeit im Zusammenhang mit Autismus besteht darin, Menschen nicht automatisch als potenzielle Lösung für Probleme zu sehen. Das ist eine sehr sozial orientierte Denkweise. Menschen im Autismus-Spektrum neigen dazu, sich mit einem selbstgesteuerten und einsamen Ansatz wohler zu fühlen. Wenn Sie Schwierigkeiten mit der Selbstauskunft und der Bitte um Hilfe haben, benötigen Sie möglicherweise Anleitung oder sorgfältige Überlegungen zu den Stufen 2 und 5, in denen Sie überlegen, wer zu Ihrem Unterstützungsteam gehören könnte.

Hilfen bei Problemen zur Selbstauskunft:

- Belohnen Sie sich selbst mit einem Kompliment, wenn Sie sich Mühe geben, Ihre Gedanken, Gefühle und Überlegungen offenzulegen. Anstrengungen führt zu Ergebnissen, und jede Anstrengung verdient es, wahrgenommen und bekräftigt zu werden.
- Nehmen Sie sich etwas Zeit, um aufzuschreiben, was Sie denken und was Sie mitteilen möchten. Das kann dazu beitragen, dass Ihnen Ihre Gedanken klarer werden und Ihnen helfen, herauszufinden, was und wie Sie es sagen sollen.
- Wenn Sie Ihre Gedanken nicht in Worte fassen können, machen Sie eine Zeichnung, wählen Sie eine Filmszene, einen Liedtext oder eine andere Kommunikationsform, die Ihre innere Welt ausdrücken kann.
- Überlegen Sie sich logische Gründe für die Strategie, ein Unterstützungsteam zu bilden. Zum Beispiel sind zwei Gehirne bei der Lösung von Problemen besser als eines: Es verdoppelt die verfügbaren Daten und die Gehirnleistung.

- Bei der Auswahl Ihres Unterstützungsteams (Stufe 2 und 5) ist es wichtig, die richtigen Personen auszuwählen und die Eigenschaften zu berücksichtigen, nach denen Sie suchen, zum Beispiel eine Person, der Sie Ihre Gedanken und Gefühle offenbaren würden.

Besondere Lern- oder Sprachschwierigkeiten

Wenn Sie unter einer spezifischen Lernstörung wie Legasthenie oder Dyskalkulie leiden oder Deutsch nicht Ihre Muttersprache ist, müssen weitere Anpassungen an das Programm vorgenommen werden.

Hilfen bei Lern-/Sprachschwierigkeiten:

- Benutzen Sie einen Übersetzer oder wenden Sie sich an Ihren Mentor oder Ihre Mentorin, wenn Deutsch nicht Ihre Muttersprache ist und Sie Schwierigkeiten haben, das Programm zu verstehen.
- Bitten Sie Ihre Mentorin oder Ihren Mentor, sich zu Ihnen zu setzen und den Stoff mündlich durchzuarbeiten. Bitten Sie auch um Erklärungen und Interpretationen zu Fragen, wenn es erforderlich ist.
- Mehrere kurze Zeiteinheiten zur Bearbeitung des Programmstoffs sind weniger anstrengend als die Bearbeitung einer ganzen Stufe in einer Sitzung.
- Wenn Sie gut Englisch können, können Sie sich die meisten der vorbereitenden Materialien für jede Stufe als Video- oder Audioaufnahme ansehen bzw. anhören (Seite 150).

Sensorische Wahrnehmung

Die meisten Menschen im Autismus-Spektrum haben sensorische Probleme. Die bei weitem am häufigsten auftretenden sensorischen Probleme betreffen Geräusche und Berührungen (auditive Empfindlichkeit und taktile Defensivität). Hier reichen die Erfahrungen von einer Quelle der Ablenkung und Unruhe bis hin zur Wahrnehmung als extrem schmerzhaft und unerträglich.

Wir empfehlen, alle wichtigen sensorischen Probleme aufzulisten, bevor Sie mit unserem 7-Schritte-Programm beginnen:

____

____

Hilfen bei sensorischen Problemen:

- Richten Sie den Raum, in dem Sie arbeiten, so ein, dass Hintergrundgeräusche und unvorhersehbare Geräusche wie eingehende Telefonanrufe, Lichtquellen und Lichtintensität, Gerüche, Ihre Vorlieben bei der Kleidung und die Bequemlichkeit der Möbel berücksichtigt werden.
- Verwenden Sie Fidget Toys, um sich zu beruhigen und Ihre Sinne zu blockieren. Wenn keine Fidget Toys zur Verfügung stehen, können Sie einen Bleistift drehen, sanft schaukeln, kleine Kugeln aus Knete formen oder einen Anti-Stress-Ball drücken.

Schwierigkeiten, sich selbst zu begreifen und zu beschreiben

Menschen im Autismus-Spektrum haben oft Schwierigkeiten zu verstehen und zu beschreiben, wer sie sind, was sie denken und wie sie sich fühlen, weil ihre »Theory of Mind« beeinträchtigt ist. Unter Theory of Mind versteht man die intuitive Fähigkeit, eigene Gedanken und Gefühle (Selbstreflexion) und die anderer Personen wahrzunehmen, zu erkennen und zu verarbeiten.

Menschen im Autismus-Spektrum können auch Probleme mit dem autobiografischen Gedächtnis haben, d. h. mit der Fähigkeit, sich an relevante Details ihrer eigenen Lebensgeschichte zu erinnern, um zu verstehen, wer sie sind, und somit ein genaues Selbstverständnis zu entwickeln.

Sie neigen vielleicht dazu, sich selbst anhand Ihrer Fähigkeiten und Interessen zu beschreiben und nicht anhand Ihrer Persönlichkeitsmerkmale und Ihres sozialen Netzwerks. Das Selbstkonzept aus der frühen Kindheit basiert möglicherweise auch eher auf der Ablehnung und Kritik als auf der Akzeptanz und den Komplimenten von Gleichaltrigen.

Das ist einer der Gründe, warum unser Programm so viele Arbeitsmittel bereitstellt, darunter Informationen in gedruckter Form und Videoaufzeichnungen sowie Fragebögen, die die Selbstreflexion und das Selbstverständnis erleichtern und die Möglichkeit bieten, die konstruktive Meinung anderer einzuholen. Sie können zu einem genauen und positiven Selbstkonzept beitragen, das im Arbeitsumfeld von Nutzen sein wird.

Hilfen zur besseren Selbstreflexion:

- Wenn Sie Schwierigkeiten haben, die Fragebögen vor Beginn des Programms auszufüllen, planen Sie einen Termin in Ihrem Kalender ein, an dem Sie sich hinsetzen und alle Fragebögen in einem Durchgang oder an zwei bis drei Terminen ausfüllen. Oder suchen Sie sich jemanden, der Sie gut kennt und der Ihnen beim Ausfüllen der Fragebögen hilft. Sie können sich auch eine Mentorin oder einen Mentor suchen, mit dem Sie sich zusammensetzen und die Fragebögen gemeinsam ausfüllen.
- Planen Sie genügend Zeit für Ihre eigene Selbstreflexion ein. Denken Sie daran, dass die Verarbeitung neuer Informationen Zeit in Anspruch nehmen kann. Es ist wichtig, dass Ihr Mentor oder Ihre Mentorin das weiß.
- Bestätigen und ermutigen Sie sich selbst für alle Antworten, über die Sie nachdenken oder die Sie aufschreiben. Seien Sie großzügig sich selbst gegenüber. Überlegen Sie: »Wie kann ich mir hier wirklich helfen?« Versuchen Sie, übermäßige Selbstkritik zu vermeiden.
- Stellen Sie sicher, dass alle neuen Erkenntnisse und Selbsterkenntnisse aufgezeichnet werden.

Stufe 1

Werkzeuge zur Stressbewältigung

Wir wissen sowohl aus der Forschung als auch aus unserer klinischen Erfahrung, dass Menschen im Autismus-Spektrum viele großartige Stärken in ihre Arbeit einbringen, darunter zum Beispiel:

- Liebe zum Detail
- Loyalität
- starke Konzentration auf die Arbeitsaufgabe
- außergewöhnliche Kreativität
- hoher Intellekt
- kreative Problemlösungskompetenz
- sensorische Wahrnehmung
- starkes Engagement bei der Arbeit
- hoher Standard der Arbeit
- Fähigkeit, Muster und Fehler zu erkennen
- Wissen

Wir wissen aber auch, dass es einige Herausforderungen gibt, mit denen Menschen im Autismus-Spektrum am Arbeitsplatz konfrontiert sind, wie zum Beispiel:

- höheres Stressniveau als in der neurotypischen Bevölkerung
- Probleme mit der sozialen Kommunikation und der sozialen Perspektive, einschließlich des Erkennens von Hierarchien am Arbeitsplatz, der Unterhaltung mit Kolleginnen und Kollegen, die über die Arbeit hinausgehen, und des Verständnisses mündlicher Multitasking-Anweisungen
- Probleme mit Aufschieben, Prioritätensetzung und Zeiteinteilung
- Schwierigkeiten bei der Bewältigung des täglichen Lebens, zum Beispiel eine gesunde Schlaf- und Essensroutine
- eine Tendenz zur Selbstbeschuldigung

In der 1. Stufe unseres Programms werden Sie einen Fragebogen ausfüllen, um Ihre eigenen Stärken und Schwierigkeiten am Arbeitsplatz zu ermitteln (Seite 30). Erheblicher Stress und Ängste entstehen, wenn wir unser eigenes Fähigkeitsprofil nicht kennen. Wenn wir uns sowohl unserer Stärken als auch unserer Schwächen bewusst sind, können wir unsere Stärken nutzen, um unsere Schwächen zu überwinden.

Außerdem gibt es zwei Abschnitte zu lesen: Der erste beschreibt die Gründe für Stress und Angst bei Menschen im Autismus-Spektrum, der zweite Werkzeuge, die Ihnen helfen, sich zu entspannen.

Nachdem Sie diese Texte gelesen (oder angeschaut) haben, werden wir Sie bitten, drei weitere Fragebögen auszufüllen:

- Erkennen der persönlichen Anzeichen von Stress und Angst
- Was stresst Sie?
- DASS-21

Es ist wichtig, dass Sie sich die in dieser Stufe vorgestellten Informationen aneignen sowie die Fragebögen ausfüllen, bevor Sie die Aktivitäten durchführen. Die Aktivitäten sollen Ihnen helfen, den Stress und die Ängste, die durch berufliche Herausforderungen entstehen, besser zu bewältigen.

Wechselwirkung zwischen Stress und Autismus

Umfangreiche Forschungsarbeiten[6] haben ergeben, dass die Häufigkeit von Angststörungen bei Familienmitgliedern, sowohl bei solchen im Autismus-Spektrum als auch bei neurotypischen, höher ist als erwartet. Während es eine genetische Veranlagung für Angststörungen gibt, deuten weitere Forschungsergebnisse darauf hin, dass es auch einen neurologischen Grund dafür geben kann. In Studien, in denen Erwachsene im Autismus-Spektrum mithilfe von Neuroimaging-Techniken untersucht wurden, wurden strukturelle und funktionelle Anomalien der Amygdala festgestellt. Die Amygdala ist ein Teil des Gehirns, der mit der Erkennung und Regulierung von Emotionen, insbesondere von Angst und Furcht, in Verbindung gebracht wird. Es gibt auch Forschungsergebnisse, die auf einen Mangel an neuronalen Verbindungen zwischen der Amygdala und den Frontallappen des Gehirns hinweisen.

Um die Funktionsweise von Amygdala, Angst und Frontallappen zu verstehen, können wir uns ein Auto vorstellen, das auf einer Autobahn fährt. Die Frontallappen des Gehirns sind der Fahrer oder die Fahrerin, die Entscheidungen darüber trifft, was zu tun ist, wohin sie fährt usw. Die Amygdala funktioniert wie der Teil des Armaturenbretts im Auto, der dem Fahrer oder der Fahrerin ein Warnsignal bezüglich der Temperatur des Motors und der Gefahr einer Überhitzung gibt. Bei Menschen im Autismus-Spektrum funktioniert die Amygdala oder dieser Teil des »Armaturenbretts« nicht mit der Empfindlichkeit eines neurotypischen »Gefühls-Temperaturmessers«. Informationen über die zunehmende emotionale Hitze bzw. das Funktionieren des Motors stehen diesen Menschen nicht zur Verfügung. Sie bekommen also keine Warnung vor einer drohenden Überhitzung und der Notwendigkeit einer »Abkühlung«.

Wenn Sie sich Ihres inneren emotionalen Zustands nicht bewusst sind, ist es schwierig, zunehmende Angstzustände wahrzunehmen und zu regulieren. Im Autismus-Spektrum kann sich die Dysfunktion der Amygdala auch in einer Tendenz zu katastrophalen emotionalen Reaktionen bei einer relativ niedrigen Angstschwelle äußern, wodurch der »Panikknopf« zu schnell gedrückt wird. Neurotypische Erwachsene erkennen Anzeichen zunehmender Angst viel früher und auf einem weniger intensiven Niveau und sind daher besser in der Lage, ihre Ängste zu bewältigen.

Sensorische Empfindlichkeit

Es gibt auch umweltbedingte Gründe für ein hohes Stressniveau, die mit einer erhöhten sensorischen Empfindlichkeit zusammenhängen. Im Laufe des Tages können Sie aversiven (extremen Widerwillen hervorrufenden) und potenziell überwältigenden sensorischen Erfahrungen ausgesetzt sein, zum Beispiel Kollegen, die sich an einem lauten Arbeitsplatz gegenseitig anschreien, dem Duft des Parfüms einer Kollegin oder dem Geruch der Toilette. Es kann sich auch um taktile Erfahrungen handeln, zum Beispiel beim Tragen von Schutzkleidung oder der Blendung und Reflexion von künstlichem Licht, insbesondere von Leuchtstoffröhren und Abblendlicht.

Nonverbale Kommunikation verstehen

Zu den diagnostischen Kriterien für Autismus-Spektrum-Störungen gehört die Schwierigkeit, nonverbale Kommunikation zu verstehen. Wir sind uns darüber im Klaren, dass Sie Schwierigkeiten haben werden, die subtilen, nonverbalen Hinweise, die auf die Gefühle einer Person und die Tiefe dieser Gefühle hinweisen, genau zu erkennen und zu verstehen. Autobiografien und unsere klinische Erfahrung deuten jedoch darauf hin, dass bei einer Person im Autismus-Spektrum, die eine negative Emotion einer anderen Person wahrnimmt, eine Überempfindlichkeit gegenüber der negativen Emotion besteht, insbesondere bei Angst, Enttäuschung und Aufregung.

Zwei autistische Frauen beschreiben das so: »Es gibt eine Art unmittelbare, unbewusste Reaktion auf die Gefühlslage anderer Menschen, die ich im Laufe der Jahre besser verstanden habe« und »Wenn jemand auf mich zukommt und voller Sorge, Angst oder Wut ist, befinde ich mich plötzlich im gleichen Gefühlszustand.« Ein anderer Erwachsener sagte: »Emotionen sind für mich ansteckend. Den ganzen Tag über besteht die Gefahr, von den negativen Emotionen anderer angesteckt zu werden. Die Angst, nicht zu wissen, wann das passieren wird, macht die Erfahrung äußerst unangenehm und verursacht erheblichen Stress.«

Eine andere Art des Denkens

Wir betrachten Autismus-Spektrum-Störungen als eine andere Art der Wahrnehmung, des Denkens, des Lernens und der Beziehung. Diese Art zu denken kann ein Interesse an der Entdeckung von Mustern und insbesondere von Musterbrüchen und Fehlern beinhalten. Wenn ein Fehler auftritt, der nicht leicht behoben werden kann, kann das jedoch zu erheblichem Leid und großer Angst führen. Damit verbunden sein kann die Angst, einen Fehler zu machen, oder Leistungsangst, weil man entschlossen ist, keine Fehler zu machen.

Es kann auch eine Tendenz zu starrer oder unflexibler Denkweise oder zu einem einseitigen Denken geben. Wenn Veränderungen eintreten, die einen neuen Zeitplan erfordern, kann es erhebliche Schwierigkeiten geben, eine innere Vorstellung von diesem neuen Plan zu entwickeln. Als Mensch im Autismus-Spektrum können Sie daher sehr ängstlich sein, wenn Sie unvorhergesehene Änderungen der täglichen Routine und der Anforderungen am Arbeitsplatz erwarten oder erleben. Es kann zu einem Beharren auf Bestehendem kommen: Abwechslung ist nicht für alle die Würze des Lebens.

Es gibt genetische, neurologische, umweltbedingte und psychologische Gründe für ein hohes Maß an Stress bei Menschen im Autismus-Spektrum. Das Gleiche gilt für Probleme beim Ausdrücken und Regulieren von Emotionen, insbesondere von Ängsten.

Zunahme der Merkmale durch Stress und Angst

Stress und Angst können die Hauptmerkmale von Autismus-Spektrum-Störungen verstärken. Umgekehrt können aber auch einige der diagnostischen Merkmale ein Versuch sein, die Angst zu bewältigen. Eines der Diagnosekriterien ist das Vorhandensein von eingeschränkten, sich wiederholenden und ritualisierten Verhaltensweisen. Diese Verhaltensweisen und Handlungen können jedoch auch der Selbstberuhigung dienen und als Mittel zum Abbau von Ängsten eingesetzt werden – genau wie bei neurotypischen Menschen. Das Beharren auf Routinen ist ein weiteres diagnostisches Kriterium, das auftreten kann, um das Erleben von Situationen zu verhindern, die bekanntermaßen Angst auslösen. Das Vorhandensein besonderer Interessen, ein weiteres diagnostisches Kriterium, kann viele Funktionen haben, unter anderem als Mittel zur Blockierung angsteinflößender Gedanken.

Stress und Angst können auch andere Verhaltensweisen wie Aggressionen verstärken, vor allem wenn Versuche, das hohe Maß an Stress und Angst zu reduzieren, vereitelt werden. Angst kann andere Verhaltensmuster erklären, die mit Autismus-Spektrum-Störungen in Verbindung gebracht werden, zum Beispiel das Auftreten als »Regelpolizist«, als der die Person versucht, Chaos und Unsicherheit am Arbeitsplatz zu verringern und Ordnung zu schaffen.

Häufige Auslöser für Angstzustände

Zu den Situationen und Ereignissen, die zunehmende Ängste auslösen können, gehören:

- Unterbrechung der gewohnten Routine
- die Erwartung, sich auf eine bestimmte Art und Weise zu verhalten, aber nicht zu wissen wie
- daran gehindert zu werden, bestimmte erwartete Aufgaben oder Routinen auszuführen
- Situationen mit zu hohen Anforderungen und Erwartungen
- die Erfahrung, dass soziale Konventionen, Arbeitsregeln und -grundsätze gebrochen werden
- Auferlegung einer Änderung, zu der man nicht bereit ist
- warten oder sich beeilen zu müssen
- Angst, einen Fehler zu machen, oder dass eine Arbeit nicht perfekt ist
- von Arbeitskollegen/Vorgesetzten für dumm oder inkompetent gehalten zu werden
- wörtliche Auslegung einer ermutigenden Bemerkung, zum Beispiel »Du musst immer dein Bestes geben.«

Lernen, sich zu entspannen

Sich zu entspannen ist eine Fähigkeit, die wir entwickeln können. Für viele Menschen im Autismus-Spektrum scheint ein hohes Maß an Angst und Stress Standard zu sein. Deshalb fühlt es sich für sie normal an, die meiste Zeit übererregt und/oder hypervigilant (extrem wachsam) zu sein. Wir können diesen Zustand als »Kampf-oder-Flucht-Modus« bezeichnen. In diesem Modus zu arbeiten, fühlt sich für sie sicher an, weil es ein Überlebensmodus ist. Leider ist der »Kampf-oder-Flucht-Modus« für Körper und Geist aber extrem anstrengend. Die Nebennieren werden überreizt und der Gemütszustand ist im Allgemeinen pessimistisch, manchmal bis hin zur Entwicklung einer Depression. Es kann schwierig sein, zu schlafen, wenn wir ständig im »Kampf-oder-Flucht-Modus« sind. Rasende Gedanken und Sorgen halten uns wach, vor allem in den frühen Morgenstunden. Es kann auch schwierig sein, anderen Menschen zu vertrauen, sie als potenzielle Verbündete oder Freunde zu betrachten oder ihre Unterstützung oder Führung anzunehmen.

Der ideale Zustand für Tätigkeiten wie den Umgang mit anderen Menschen, das Erlernen neuer Dinge, die Anpassung an Situationen und die Aufrechterhaltung der Produktivität kann als »Ruhe-und-Verdauungs-Modus« bezeichnet werden. Wenn sich der Körper im »Ruhe-und-Verdauungs-Modus« befindet, sind wir viel leistungsfähiger und können länger arbeiten. Das ist auch eine Bereicherung für unsere Beziehungen, am Arbeitsplatz genauso wie zu Hause.

Wenn Sie noch keine Aktivitäten gefunden haben, mit denen Sie Ihren Körper regelmäßig in den »Ruhe-und-Verdauungs-Modus« zurückbringen können, empfehlen wir Ihnen dringend, jetzt danach zu suchen. Praktizieren Sie sie dann regelmäßig sowohl zu Hause als auch am Arbeitsplatz. Ein wichtiger Hinweis darauf, dass Ihr Körper den »Ruhe-und-Verdauungs-Modus« erreicht hat, ist ein gleichmäßiger, niedriger bis mittlerer Puls, eine gut funktionierende Verdauung und dass Sie nicht schwitzen. Ihr Atem wird ruhig und gleichmäßig. Sie atmen eher in den unteren Teil Ihrer Lunge als in die Brust oder den oberen Teil der Lunge.

Viele Aktivitäten können den »Ruhe-und-Verdauungs-Modus« auslösen. So können zum Beispiel Malen, das Hören bestimmter Musik, Singen, der Aufenthalt in der Natur, Meditation, Yoga, die Erledigung von Routinearbeiten im Haushalt oder im Garten, das Zusammensein mit dem Lieblingstier oder das Nachdenken über vergangene glückliche Erlebnisse Entspannung bewirken.

Wir empfehlen Ihnen dringend, die Fähigkeit zu entwickeln, sich zu entspannen. Eine Methode dazu wurde von Psychologen entwickelt, die sich dabei auf wissenschaftliche Erkenntnisse sowie auf alte Praktiken, zum Beispiel Yoga, stützen. Sie wird »Progressive Muskelentspannung« (PMR) genannt. PMR ist eine erlernbare Technik, die uns hilft, uns zu entspannen, wenn wir es brauchen (Seite 49). Es ist wichtig, die Fähigkeit zur Entspannung zu erlernen, wenn wir bereits einigermaßen entspannt sind. Indem wir die PMR an einem ruhigen, entspannenden Ort praktizieren, lernen wir, die Entspannungsreaktion des Körpers zu erkennen und sie auszulösen. Sobald wir uns an einem ruhigen Ort entspannen können, können wir damit beginnen, diese Fähigkeiten anzuwenden, wenn unsere Stressreaktion ausgelöst wird.

Fragebögen

Bevor Sie mit den Aktivitäten in dieser Stufe beginnen, sollten Sie die folgenden Fragebögen ausfüllen. Sie werden Ihnen und Ihrer Mentorin oder Ihrem Mentor (falls Sie sich dafür entscheiden) wertvolle Informationen liefern, die Sie bei den folgenden Aktivitäten anwenden können.

Stärken und Herausforderungen am Arbeitsplatz

Lesen Sie sich die Fragen durch und vergeben Sie Schulnoten von 1 bis 5. 1 bedeutet überhaupt keine Schwierigkeit, möglicherweise eine Stärke; 5 bedeutet große Schwierigkeiten.

Fragebogen zu Stärken und Herausforderungen am Arbeitsplatz

Herausforderungen und Stärken	Skala 1–5
Umgang mit Emotionen und Stress	
Ich kenne die spezifischen Arbeitssituationen und andere Auslöser, die bei mir Angst, Stress oder Depressionen verursachen.	
Ich kann das Aufkommen von Ängsten, Stress, Depressionen oder Wut schon früh erkennen.	
Ich bleibe ruhig und kann mit meinen Emotionen umgehen, wenn sie überhandnehmen.	
Ich kenne mein eigenes sensorisches Profil und weiß, wie ich die notwendigen Anpassungen vornehmen kann.	

Herausforderungen und Stärken	Skala 1–5
Ich kann mit einem Nervenzusammenbruch bei der Arbeit umgehen.	
Ich kenne hilfreiche Strategien zur Unterstützung einer guten psychischen Gesundheit.	
Ich sorge für meinen Körper.	
Ich habe eine gute Sportroutine entwickelt, die mich fit und gesund hält.	
In den meisten Nächten kann ich leicht und schnell einschlafen.	
Ich bin in der Lage, meine täglichen Aufgaben gut zu bewältigen.	
Ich ernähre mich gesund, esse nicht zu viel, auch nicht zu viel Junk-Food.	
Soziale Kommunikation	
Ich habe eine gute Beziehung zu meinem Mentor oder einer Kollegin am Arbeitsplatz, die mich beraten und unterstützen kann.	
Ich habe in meinem Leben außerhalb der Arbeit eine gute Beziehung zu jemandem, mit dem ich Probleme besprechen kann.	
Ich kenne meine sozialen Fähigkeiten.	
Ich kann mein soziales Leben so organisieren, dass es mich erfrischt und nicht erschöpft.	
Ich kann Familienmitgliedern, Arbeitskollegen und meiner Vorgesetzten meine zunehmenden Angst- oder Stresssymptome mitteilen, bevor sie zu einem Problem werden.	
Ich kann mich vor Mobbing am Arbeitsplatz schützen.	
Ich kann um Hilfe bitten, wenn ich die Anweisungen oder meine Aufgaben am Arbeitsplatz nicht verstehe.	
Fähigkeiten im Arbeitsalltag	
In Stresssituationen neige ich dazu, mich dem Problem zu nähern, anstatt es zu vermeiden.	
Ich kenne meine eigenen Schwachstellen in Bezug auf die Art meiner Gedanken und habe Strategien, mit ihnen umzugehen.	
Ich habe effektive Problemlösungsfähigkeiten.	
Ich habe gute Strategien entwickelt, um mein Arbeitspensum zu bewältigen und meine Zeit einzuteilen.	

Herausforderungen und Stärken	Skala 1–5
Ich kann erkennen, wann ich Dinge aufschiebe.	
Ich kann Arbeitsaufgaben nach Prioritäten ordnen.	
Andere Fähigkeiten	
Mein Energielevel ist gut.	
Ich fühle mich die meiste Zeit aufmerksam und präsent.	

Erkennen der persönlichen Anzeichen von Stress und Angst

Bitte kreuzen Sie die Anzeichen von Stress und Angst an, die Ihnen zeigen, dass Stress und Angst problematisch werden und es an der Zeit ist, etwas dagegen zu tun.

Fragebogen zum Erkennen der persönlichen Anzeichen von Stress und Ängsten.

Anzeichen von Stress und Ängsten	Falls zutreffend, ankreuzen
Körperliche Empfindungen	
schwitzende Handflächen und Achselhöhlen	☐
erhöhte Herzfrequenz	☐
schnelle Atmung	☐
verspannte Muskeln	☐
Empfindungen im Magen	☐
Gänsehaut	☐
Haben Sie noch andere körperliche Empfindungen?	☐
Verhaltensweisen und Handlungen	
Unruhe	☐
Fummeln an einem Gegenstand zur Beruhigung	☐

Anzeichen von Stress und Ängsten	Falls zutreffend, ankreuzen
Einführen von Ritualen und Routinen	☐
Vermeidung von Veränderungen und Spontaneität	☐
sozialer Rückzug	☐
Zwang zu einer Handlung, die als Gedankenblocker wirkt	☐
Gibt es noch andere Verhaltensweisen? …………………… …………………… ……………………	☐
Gedanken und Emotionen	
mangelndes Selbstvertrauen	☐
ständiges Bemühen um Gewissheit	☐
verminderte Aufmerksamkeitsspanne, Konzentrationsschwierigkeiten und starres Denken	☐
rasende Gedanken	☐
in extremen Situationen emotionaler Zusammenbruch	☐
der Gedanke »Ich kann es nicht tun.«	☐
Gereiztheit	☐
Gibt es weitere mentale Hinweise? …………………… …………………… ……………………	☐
Medizinische Anzeichen	
Veränderungen des Appetits	☐
Schlafstörungen	☐
Probleme im Magen-Darm-Trakt, die zu Verstopfung oder Durchfall führen	☐

Anzeichen von Stress und Ängsten	Falls zutreffend, ankreuzen
Gibt es andere medizinische Anzeichen? …………………… …………………… ……………………	☐

Was stresst Sie?

Kreuzen Sie die Situationen oder Auslöser an, die auf Sie zutreffen, und fügen Sie alle anderen Situationen hinzu, die Sie erkannt haben. Bewerten Sie dann den Grad des Stresses oder der Angst auf einer Skala von 0 bis 10, wobei 10 extrem gestresst oder ängstlich bedeutet und 0 gar nicht gestresst. Tragen Sie diese Zahl in die jeweilige Zeile ein.

Fragebogen: Was stresst Sie?

Situationen oder Auslöser für Stress	Falls zutreffend, ankreuzen	Skala 0–10
sensorische Empfindlichkeit	☐	
negative Emotionen bei anderen	☐	
kritisiert zu werden	☐	
einen Fehler zu machen	☐	
Unterbrechungen der gewohnten Routinen	☐	
die Erwartung, sich auf eine bestimmte Weise zu verhalten, aber nicht zu wissen wie	☐	
daran gehindert zu werden, bestimmte erwartete Aufgaben oder Routinen auszuführen	☐	
zu hohe Anforderungen und Erwartungen	☐	
Situationen, in denen soziale Konventionen oder Arbeitsregeln und -grundsätze gebrochen werden	☐	
Auferlegung von Änderungen, zu denen Sie nicht bereit sind	☐	

Situationen oder Auslöser für Stress	Falls zutreffend, ankreuzen	Skala 0–10
warten oder sich beeilen zu müssen	☐	
Angst, dass die Arbeit nicht perfekt ist	☐	
von Arbeitskolleginnen oder Vorgesetzten für dumm oder inkompetent gehalten zu werden	☐	
wörtliche Auslegung einer ermutigenden Bemerkung wie zum Beispiel »Du musst immer dein Bestes geben.«	☐	
Small Talk machen zu müssen	☐	
Andere Situationen …………………… …………………… ……………………	☐	

Depressions-, Angst- und Stressskala-21 (DASS-21)

Menschen im Autismus-Spektrum können zeitweise unter starken Depressionen, Ängsten und Stress leiden. Es ist wichtig zu wissen, ob dies bei Ihnen auch der Fall ist. Starke Depressionen, Angst oder Stress beeinträchtigen Ihr Wohlbefinden, Ihre Erfahrungen am Arbeitsplatz und sogar Ihre Arbeitsleistung. Die Kenntnis des eigenen Stress-, Angst- und Depressionsniveaus ist der erste Schritt zur Bewältigung dieser Probleme.

Füllen Sie die DASS-21 aus, um Ihre aktuellen Werte für Depressionen, Angst und Stress zu ermitteln.[7] Sie ist kostenlos online erhältlich (Seite 151). Wir werden Ihre Ergebnisse und deren Bedeutung in Aktivität 2 interpretieren.

Aktivitäten

Aktivität 1:

Lernen Sie Ihre Stärken und Herausforderungen kennen

» Für diese Aktivität benötigen Sie den Fragebogen »Stärken und Herausforderungen am Arbeitsplatz« (Seite 30), den Sie bereits ausgefüllt haben.

- Nehmen Sie sich den Fragebogen vor.
- Lesen Sie Ihre Antworten.
- Kreisen Sie Ihre wichtigsten Stärken und Schwierigkeiten ein.
- Entscheiden Sie, was Sie Ihrem Mentor oder Ihrer Mentorin mitteilen möchten.
- In der Einleitung zum Programm haben wir Ihnen empfohlen, einen Mentor oder eine Mentorin zu bestimmen, mit der Sie die Aktivitäten und Empfehlungen besprechen können. Bitte besprechen Sie Ihre Antworten auf den Fragebogen mit Ihrer Mentorin oder Ihrem Mentor. Teilen Sie so viel wie möglich über Ihre wichtigsten Stärken und Ihre größten Herausforderungen am Arbeitsplatz mit.
- Ihre persönlichen Notizen aus dem Gespräch:

____

____

____

____

____

____

____

____

____

____

Aktivität 2:

Lernen Sie das aktuelle Ausmaß von Depressionen, Angst und Stress kennen

» Bewerten Sie für diese Aktivität Ihren ausgefüllten DASS-21-Fragebogen. Die Fragen werden folgendermaßen zugeordnet:

- Depression: 3, 5, 10, 13, 16, 17, 21
- Angst: 2, 4, 7, 9, 15, 19, 20
- Stress: 1, 6, 8, 11, 12, 14, 18

Addieren Sie Ihre Werte und tragen Sie sie ein.

- Depression:
- Angst:
- Stress:

Ab einem Wert von 10 bei Depression und Stress sowie von 6 bei Angst nimmt man eine erhöhte Ausprägung der Merkmale an.

Kreuzen Sie in der Tabelle Ihren eigenen Grad an Depression, Angst und Stress an.

Auswertung des DASS-21-Fragebogens

	Depression	Angst	Stress
gar nicht	0–4	0–3	0–7
manchmal	5–6	4–5	8–9
ziemlich oft	7–10	6–7	10–12
sehr stark	11–13	8–9	13–16
extrem	14+	10+	17+

Teilen Sie Ihrem Mentor oder Ihrer Mentorin mit, wie stark Sie derzeit unter Depressionen, Ängsten oder Stress leiden. Das wird Ihnen helfen, das Ausmaß an Unterstützung festzulegen, das Sie zur Bewältigung von Depressionen, Angstzuständen oder Stress benötigen. Wenn einer der Werte im sehr starken Bereich liegt, kann es ratsam sein, professionelle Hilfe bei einer klinischen Psychologin oder einem Psychiater zu suchen.

Ihre persönlichen Notizen aus dem Gespräch:

Aktivität 3:

Identifizieren Sie die Ursachen für Ihren Stress am Arbeitsplatz

» Es gibt viele Ursachen für Stress am Arbeitsplatz. Dazu können gehören:

- Arbeitsbelastung (zu hoch oder zu niedrig)
- Fristen, die unrealistisch sind
- nur begrenzten Einfluss darauf zu haben, was von Ihnen erwartet wird
- begrenztes Verständnis anderer für die Qualitäten und Schwierigkeiten am Arbeitsplatz von Menschen im Autismus-Spektrum
- komplexe soziale Dynamik und Erwartungen
- neue Regelanforderungen, Strategien und neues Management
- Mobbing und Belästigung
- konsequentes Erreichen des geforderten Arbeitsstandards
- Arbeitsplatzumgebung in Bezug auf Komfort und sensorische Erfahrungen

Welche Ursachen für Stress am Arbeitsplatz haben Sie erlebt? Kreuzen Sie diejenigen aus der Liste oben an, die Sie erlebt haben.

Gibt es andere Ursachen für Stress, die Sie erlebt haben?

____

____

____

____

____

____

____

____

Sprechen Sie mit Ihrem Mentor oder Ihrer Mentorin über die Ursachen für Ihren Stress am Arbeitsplatz. Ihre persönlichen Notizen aus dem Gespräch:

Aktivität 4:

Erkennen Sie Ihre persönlichen Anzeichen von Stress

» Wir alle erleben Stress, er gehört zum Menschsein dazu. Wir können Sie nicht vom Stress befreien, und wir würden es auch nie versuchen. Manchmal kann unser Stresspegel jedoch so hoch sein, dass er sich negativ auf unser Leben auswirkt. Psychologisch gesehen gibt es einen Zusammenhang zwischen Stress und Angstzuständen. Wir werden ängstlich, wenn eine Situation unangenehm sein könnte, und Stress kann sehr unangenehm sein. Wenn wir uns während und nach der Arbeit gestresst und ängstlich fühlen, kann dies zu einer emotionalen Erschöpfung führen, die wiederum zu einem geringen Selbstwertgefühl und zu Mutlosigkeit oder Depressionen führen kann. Das kann sich negativ auf die Arbeitsleistung auswirken.

Sie haben bereits den Fragebogen »Erkennen der persönlichen Anzeichen von Stress und Angst« (Seite 32) ausgefüllt.

Schauen Sie sich nun diesen Fragebogen noch einmal an. Besprechen Sie mit Ihrem Mentor oder Ihrer Mentorin Ihre persönlichen Anzeichen von Stress und Angst, die Sie in Ihrem Denken, Verhalten und Handeln erkennen.

Ihre persönlichen Notizen zu dem Gespräch:

____

____

____

____

____

____

____

____

Mit einem Fitnesstracker den Stresslevel messen

Fitnesstracker, die am Handgelenk getragen werden, um die Herzfrequenz zu messen, können auch dazu verwendet werden, das Angst- und Stressniveau während des Tages aufzuzeichnen. Dadurch können Sie Ihre Stress- und Angstreaktion auf bestimmte Situationen erkennen. Außerdem können Sie feststellen, wenn das Stressniveau ansteigt – ein Signal, dass Sie den Stress kommunizieren und bewältigen müssen.

Sie können Fitnesstracker auch zur Förderung der Entspannungsfähigkeit einsetzen, indem Sie eine Entspannungsstrategie wie die Atemkontrolle anwenden. Die allmähliche Verringerung der Herzfrequenz wird auf dem Display angezeigt und kann von Ihnen beobachtet werden.

Fitnesstracker sind in verschiedenen Geschäften erhältlich. Wir empfehlen Ihnen, ein Geschäft zu besuchen, in dem Sie verschiedene Geräte ausprobieren können, die die Herzfrequenz messen. Besprechen Sie mit Ihrer Mentorin oder Ihrem Mentor, ob ein solches Gerät für Sie nützlich sein könnte.

Aktivität 5:

Betrachten Sie die verschiedenen Situationen am Arbeitsplatz, die Sie stressen

» Sie haben den Fragebogen »Was stresst Sie?« (Seite 34) ausgefüllt, bevor Sie mit den Aktivitäten für Stufe 1 begonnen haben. Sie haben Ihre Ängste auf einer Skala von 0 bis 10 bewertet, wobei 10 für extremen Stress oder Angst steht. Bitte nehmen Sie jetzt Bezug auf diesen Fragebogen.

Besprechen Sie mit Ihrem Mentor oder Ihrer Mentorin die verschiedenen Situationen, die Sie bei der Arbeit stressen.

Ihre persönlichen Notizen aus dem Gespräch:

Aktivität 6:

Strategien gegen Stress am Arbeitsplatz

» Schreiben Sie auf der Grundlage des vorangegangenen Gesprächs eine Situation auf, die Ihnen Stress bereitet.

Eine Situation oder ein Auslöser, die oder der mir Stress bereitet:

____

____

____

____

____

____

Erstellen Sie dann selbst und/oder zusammen mit Ihrer Mentorin oder Ihrem Mentor eine Liste mit Ideen und Strategien, die Ihnen bei der Bewältigung dieser Situation helfen könnten.

Die Strategien lassen sich in hilfreiche und nicht hilfreiche Strategien unterteilen. Schreiben Sie in die folgenden Zeilen fünf bis sechs hilfreiche Strategien für die von Ihnen beschriebene Situation. Hilfreiche Strategien sind zum Beispiel: lernen, sich zu entspannen; positive oder hilfreiche Gedanken zu denken; eine Pause einzulegen; sich zurückzuziehen, um allein zu sein; das Ereignis zu relativieren. Denken Sie auch über das bereits Gelesene und Gelernte sowie über die Gespräche mit Ihrer Mentorin oder Ihrem Mentor nach, um sich zu helfen.

Hilfreiche Strategien, die ich anwenden könnte:

____

____

Zu den nicht hilfreichen Strategien gehören: einen Nervenzusammenbruch erleiden, fluchen, Geräte beschädigen sowie die Arbeit oder Arbeitsaufgaben vermeiden. Wir alle verwenden manchmal nicht hilfreiche Strategien. Schreiben Sie alle Strategien auf, die Sie verwendet und als nicht hilfreich empfunden haben:

Aktivität 7:

Energiebuchhaltung

» Maja Toudal aus Dänemark hat Autismus-Spektrum-Störungen und entwickelte das Konzept der »Energiebuchhaltung«, um Situationen zu erkennen, die psychologisch »toxisch« sein und ihr Energie entziehen könnten. Sie tragen dazu bei, dass sie sich gestresst und deprimiert fühlt und Erschöpfungszustände und Depressionen hat. Ein Teil dieses Konzepts und der damit verbundenen Strategien wurde für unser Programm weiterentwickelt und modifiziert.

Stellen Sie sich vor, dass Sie ein Energiekonto haben und im Laufe des Tages sowohl Energie abheben als auch einzahlen. Mögliche Abhebungen und Einzahlungen für jemanden im Autismus-Spektrum:

Abhebungen:	Einzahlungen:
• soziale Kontakte	• Alleinsein
• Änderung von Routinen oder Erwartungen	• besonderes Interesse
• einen Fehler machen	• körperliche Aktivität
• sensorische Empfindlichkeit	• Tiere und Natur
• Angst	• Computerspiele
• negative Gedanken	• Schlaf
• Menschenmassen	• zeichnen oder kreativ sein
• gehänselt oder ausgeschlossen werden	• lesen
• Empfänglichkeit für die Stimmungen anderer Menschen	• Musik hören
• übermäßige Analyse der sozialen Leistung	• essen
• staatliche Stellen	• Urlaub zur psychischen Gesundheit
• Körperform	• Informationen im Internet
• Ungerechtigkeit wahrnehmen	• mit Haustieren zusammen sein
• bestimmte Personen	• Meditation
	• Fürsorge für andere
	• bestimmte Personen

Für jemanden, der nicht an Autismus-Spektrum-Störungen leidet, würden die Ein- und Auszahlungen wahrscheinlich ganz anders aussehen. So können zum Beispiel soziale Kontakte und Veränderungen von Routinen und Erwartungen von manchen Menschen als aufregend und anregend empfunden werden.

Tragen Sie in die folgende Tabelle Ihre typischen täglichen Energie-Abhebungen und -Einzahlungen im Arbeitsleben ein.

Energiebuchhaltung – Hauptbuch

Abhebungen		**Einzahlungen**	
Tätigkeit/Erfahrung	0–100	Tätigkeit/Erfahrung	0–100

Für die Energiebuchhaltung brauchen wir eine Art »Währung«, ein numerisches Maß bzw. einen Wert dafür, wie sehr eine Tätigkeit oder ein Erlebnis unsere Energie von Tag zu Tag verbraucht oder auffrischt.

Der zweite Teil dieser Aktivität besteht deshalb darin, den Energiebereich jeder Tätigkeit oder Erfahrung von 0 bis 100 zu bewerten und in die Spalte daneben einzutragen. An manchen Tagen kann Ihnen zum Beispiel ein geselliges Beisammensein einen Wert von etwa 20 Energie entziehen, aber an anderen Tagen könnte es 100 sein. Der Eintrag im Hauptbuch oben würde daher 20–100 lauten. In der Einzahlungsspalte könnte das Hören von Musik an manchen Tagen einen Energiewert von 15 haben, an anderen Tagen einen Wert von 40. Der Eintrag im Hauptbuch würde dann 15–40 lauten.

Sie können das Formular »Tägliches Energiekonto« (Seite 48) verwenden, um die spezifischen Aktivitäten oder Erlebnisse aufzulisten, die an einem bestimmten Arbeitstag entweder einen Energieentzug oder eine Energiezufuhr darstellten. Schreiben Sie den Wert (0–100) für jede dieser Aktivitäten auf, um zu messen, wie energieraubend oder energiefördernd sie waren. Addieren Sie dann alle Werte in jeder der beiden Spalten, um festzustellen, ob Ihr Energiekonto am Ende eines Arbeitstages im Soll oder im Haben war, d. h. ob es im Plus oder im Minus war.

Wenn Ihr Konto schwarze Zahlen geschrieben hat und mehr Einzahlungen als Abhebungen zu verzeichnen waren, ist das eine gute Energiebilanz. Sie haben Reserven auf Ihrem Energiekonto, um mit den folgenden energieverbrauchenden Ereignissen in den nächsten Tagen gut fertig zu werden.

Wenn das Konto jedoch im Minus ist und mehr Abhebungen als Einzahlungen zu verzeichnen sind, müssen Sie in den nächsten Tagen mehr Energie-»Einkommen« erzielen. Wenn Sie keinen ausgeglichenen oder positiven Energiekontostand erreichen, erhöht der Energiemangel auf Ihrem Konto die Wahrscheinlichkeit von sozialen und emotionalen Problemen.

Tägliches Energiekonto – Datum:

Abhebungen		**Einzahlungen**	
Tätigkeit/Erfahrung	0–100	Tätigkeit/Erfahrung	0–100
Summe:		Summe:	
Endsaldo (Soll/Haben):			

Was kann ich gegebenenfalls morgen tun, um das auszugleichen? Wie kann ich mehr energiefördernde Aktivitäten in meinen Tag einplanen?

Aktivität 8:

Progressive Muskelentspannung

» Bei der Progressiven Muskelentspannung (PMR) bringen wir achtsam Spannung in nur einen Teil des Körpers und lassen dann achtsam diese Spannung aus diesem Teil des Körpers wieder los. Wir tun dies im Einklang mit unserem Atem. Konzentrieren Sie sich auf das Einatmen, während Sie die Spannung in den anvisierten Teil des Körpers bringen.

Konzentrieren Sie sich beim Loslassen der Spannung gleichzeitig auf das Loslassen des Atems. Während Sie die Spannung in einem Körperteil wie gewünscht halten, konzentrieren Sie sich gleichzeitig auf die Entspannung der anderen Körperteile.

Wir werden jetzt diese wunderbare Entspannungsstrategie anwenden, die den Körper beruhigt und ihm ein Gefühl der Leichtigkeit verleiht. Danken Sie sich selbst dafür, dass Sie sich diese Zeit für die Entspannung genommen haben. Sie müssen in den nächsten Minuten nichts tun, niemanden sehen – diese Zeit ist nur für Sie und damit Sie sich entspannen.

Vorbereitung:
Nehmen Sie sich etwas Zeit, um eine bequeme Position zu finden. Sie können sich in einen bequemen Sessel setzen oder sich auf den Boden, auf eine Matte oder auf Ihr Bett legen. Wenn Sie sich hinlegen, legen Sie ein Kissen unter Ihren Kopf, um Ihren Nacken und Ihren Kopf zu stützen. Achten Sie auch darauf, dass Ihr unterer Rücken bequem liegt. Manche Menschen finden es hilfreich, ein zweites Kissen unter die Knie zu legen, um den Druck vom unteren Rücken zu nehmen. Sorgen Sie dafür, dass Ihnen warm ist, denn der Körper kühlt während der Entspannung ab. Nehmen Sie sich einen Moment Zeit, um in Ihren Körper hineinzuhorchen und herauszufinden, ob Sie noch andere kleine Anpassungen vornehmen können, damit Sie es bequemer haben.

Atmen:
Atmen Sie bewusst tief durch die Nase ein und füllen Sie die Lungen mit Sauerstoff. Halten Sie den Atem 3 Sekunden lang an und atmen Sie dann langsam und sanft durch die Nase wieder aus. Atmen Sie einen weiteren tiefen Atemzug durch die Nase ein, halten Sie den Atem 2 Sekunden lang an und atmen Sie sanft durch die Nase wieder aus.

Hände:
Richten Sie Ihre Aufmerksamkeit zunächst auf Ihre Hände. Mit der Einatmung zählen Sie bis 3 und ballen währenddessen die Hände zu Fäusten. Bringen Sie Spannung in Ihre Hände. Halten Sie nun die Spannung in den Händen, während Sie den Atem für 3 Sekunden anhalten. 1, 2, 3. Lassen Sie nun den Atem und die Spannung gleichzeitig los, während Sie bis 3 zählen: 1, 2, 3. Spüren Sie, wie die Spannung von Ihren Händen abfällt. Spüren Sie Entspannung, wo Spannung war. Wunderbar, gut gemacht.

Arme:
Lenken Sie nun Ihre Aufmerksamkeit auf Ihre Arme. Während Sie einatmen und bis 3 zählen, halten Sie Ihre Arme vor sich und bringen Spannung in die Arme, sodass sowohl die Unterarme als auch die Oberarme steif wie Bretter werden. Zählen Sie: 1 ... Spannung halten, 2 ... drücken, 3 ... drücken. Spannung aus den Armen lösen und gleichzeitig den Atem loslassen, während Sie wieder bis 3 zählen: 1, 2, 3. Spüren Sie Entspannung in den Armen, die vorher angespannt und steif waren. Genießen Sie die Stille und die Entspannung in den Armen.

Schultern und Nacken:
Während Sie den Rest Ihres Körpers entspannen, richten Sie Ihre Aufmerksamkeit auf Ihre Schultern und Ihren Nacken. Atmen Sie ein und zählen Sie bis 3. Ziehen Sie die Schultern zu den Ohren und bringen Sie Spannung in den Nacken, so viel, wie es für Sie angenehm ist. Zählen Sie: 1 ... drücken, 2 ... halten, 3 halten ... Spannung und Atem gleichzeitig loslassen. Zählen Sie dabei wieder bis 3: 1, 2, 3. Gut gemacht. Heißen Sie die Leichtigkeit und Entspannung in Ihren Schultern und im Nacken willkommen.

Gesicht:
Während Sie nun den Rest Ihres Körpers entspannen, richten Sie Ihre Aufmerksamkeit auf Ihr Gesicht. Atmen Sie ein, verziehen Sie Ihr Gesicht zu einer Grimasse und spannen Sie alle kleinen Gesichtsmuskeln einschließlich der Zunge und des Kiefers an. Zählen Sie: 1 ... anspannen, 2 ... halten, 3 ... halten. Spannung und Atem gleichzeitig loslassen und dabei wieder bis 3 zählen: 1, 2, 3. Spüren Sie, wie die Kiefer- und Gesichtsmuskeln weicher werden und sich entspannen. Wunderbar gemacht.

Bauch:
Gehen Sie gedanklich Ihren Körper hinunter und richten Sie Ihre Aufmerksamkeit auf Ihren Bauch. Wir neigen dazu, eine Menge Spannung in unserem Bauch zu halten. Wenn das auf Sie zutrifft, empfehle ich Ihnen, für diesen Teil der Übung die Hände sanft auf Ihren Bauch zu legen. So können Sie noch mehr Spannungen loslassen.

Während Sie einatmen und bis 3 zählen, spannen Sie Ihre Bauchmuskeln an und ziehen Ihre Energie ein, als ob Sie Ihre Beine nur mithilfe Ihrer Bauchmuskeln vom Boden heben würden. Halten Sie die Spannung auf einem Niveau, das für Sie angenehm ist. Zählen Sie bis 3: 1 ... pressen, 2 ... halten, 3 ... halten. Lösen Sie sanft die Spannung in Ihrem Bauch und lassen Sie gleichzeitig den Atem los, während Sie wieder bis 3 zählen: 1, 2, 3. Gut gemacht. Wenn Sie Ihre Hände auf dem Bauch haben, können Sie sie jetzt sanft auf den Boden oder die Armlehnen des Stuhls legen. Entspannen Sie Ihren ganzen Körper; lassen Sie alle Spannungen los.

Gesäß:
Richten Sie nun Ihre Aufmerksamkeit auf Ihr Gesäß. Während Sie einatmen und bis 3 zählen, pressen Sie die Pobacken zusammen und bringen Spannung hinein. Zählen Sie bis 3: 1 ... Gesäß anspannen, 2 ... Spannung halten, 3 ... halten. Spannung und Atem gleichzeitig loslassen und dabei bis 3 zählen: 1, 2, 3. Gut so.

Beine:
Während Sie nun den Rest Ihres Körpers entspannen, richten Sie Ihre Aufmerksamkeit auf Ihre Beine, und zwar auf die gesamte Länge der Beine. Atmen Sie ein und zählen Sie bis 3, während Sie die Spannung in die Beine bringen. Konzentrieren Sie sich dabei darauf, die Waden- und Oberschenkelmuskeln in beiden Beinen gleichzeitig anzuspannen. Zählen Sie bis 3: 1 ... Spannung halten, 2 ... weiter halten, 3 ... immer noch halten. Lassen Sie die Spannung und den Atem gleichzeitig los und zählen Sie dabei wieder bis 3: 1, 2, 3. Gut gemacht. Achten Sie darauf, wie weich die Muskeln in Ihren Beinen werden, wenn Sie die Spannung lösen.

Füße:
Nehmen Sie sich einen Moment Zeit, um Ihren ganzen Körper zu entspannen. Richten Sie nun Ihre Aufmerksamkeit auf Ihre Füße. Atmen Sie ein und zählen Sie dabei bis 3. Bringen Sie die Spannung in Ihren Füßen auf ein für Sie angenehmes Niveau. Eine Möglichkeit, Spannung in die Füße zu bringen, ist es, die Zehen nach unten zu den Fersen zu drücken. Drücken Sie die Zehen zusammen und halten Sie sie 3 Sekunden lang mit dem Atem: 1 ... zusammendrücken, 2 ... halten, 3 ... halten. Spannung und Atem gleichzeitig lösen. Zählen Sie wieder bis 3: 1, 2, 3. Entspannen Sie die Füße. Lassen Sie sie auf dem Boden ruhen oder, wenn Sie liegen, zu beiden Seiten fallen.

Ganzer Körper:
Jetzt werden wir den ganzen Körper auf einmal anspannen. Ziehen Sie den Atem ein, und während Sie bis 3 zählen, spannen Sie Ihren ganzen Körper an. Ballen Sie die

Fäuste, strecken Sie Arme und Beine, verziehen Sie das Gesicht zu einer Grimasse, drücken Sie die Zehen zu den Fersen, ziehen Sie die Schultern zu den Ohren und pressen Sie Bauch- und Gesäßmuskeln zusammen. Spannen Sie alles an und halten Sie die Spannung bis 3: 1 ... alle Körperteile anspannen, 2 ... halten, 3 ... halten. Spannung und Atem gleichzeitig loslassen und dabei wieder bis 3 zählen: 1, 2, 3. Ausgezeichnet.

Schlussentspannung:
Jetzt ist es an der Zeit, sich einfach zu entspannen und alle Spannungen, die Sie in Ihren Körper gebracht haben, loszulassen. Erlauben Sie Ihrem Bewusstsein, nacheinander jeden Teil des Körpers sanft zu berühren. Während Ihr Bewusstsein jeden Teil des Körpers sanft berührt, sagen Sie zu sich: »Entspanne dich, lass los.« Hände ..., Arme ..., Schultern ..., Hals ..., Gesicht ... und Kiefer ..., Bauch ..., Gesäß ..., Beine ..., Füße ... Der ganze Körper entspannt sich. Erlauben Sie sich, ein paar Augenblicke in dieser Position zu bleiben. Das ist Entspannung pur – ein ganz anderer Zustand als Muskelanspannung. Entspannte Muskeln signalisieren unserem Gehirn, dass wir ruhig sein sollen.

Erinnern Sie sich bei Bedarf an dieses Gefühl der Entspannung; es steht Ihnen zur Verfügung, wann immer Sie es brauchen. Je mehr Sie sich in der Entspannung üben, desto schneller, bequemer und leichter werden Sie sich entspannen können. Entspannen ist eine Fähigkeit, die es wert ist, erlernt zu werden. Denken Sie daran, dass es sich um eine Übung handelt, nicht um eine Leistung. Der Verstand kann beurteilen, was Sie hier tun. Wenn Sie bemerken, dass Ihr Geist Sie oder das, was Sie tun, beurteilt, nehmen Sie das einfach zur Kenntnis und lassen Sie es los. Bringen Sie Ihren Geist zurück zu dem Gefühl der Ruhe, der Weichheit, der Entspannung in den Muskeln. In einem entspannten Körper wohnt ein entspannter Geist.

Ende:
Beginnen Sie nun, sanft mit Ihren Fingern und Zehen zu wackeln. Bewegen Sie Ihren Kopf sanft von einer Seite zur anderen. Tun Sie, was für Sie angenehm ist, um wieder Energie in Ihren Körper zu bringen: Strecken Sie sich, seufzen Sie, gähnen Sie. Wenn Sie liegen, rollen Sie Ihren Körper auf eine Seite und liegen Sie einen Moment lang in der Fötusstellung, bevor Sie sich aufrichten.

Anwendung:
Beginnen Sie damit, die PMR einmal täglich während dieses Programms zu üben. Nach einer Woche Übung können Sie damit beginnen, diese Fähigkeiten zu trainieren, indem Sie eine Muskelgruppe auswählen, die Sie in den Arbeitspausen anspannen und dann entspannen. Es ist wichtig, eine Muskelgruppe zu wählen, die für andere nicht zu offensichtlich ist, zum Beispiel Ihre Bein-, Arm- oder Handmuskeln und nicht Ihre Gesichtsmuskeln. Mit regelmäßiger Übung kann die Entspannung zu Ihrer natürlichen Reaktion auf Stressauslöser werden.

Unser Video zur Progressiven Muskelentspannung auf Englisch finden Sie auf unserer Website (Seite 150). Sie können aber auch auf YouTube nach deutschen Videos suchen.

Persönliche Erkenntnisse aus Stufe 1

Meine drei wichtigsten Stärken am Arbeitsplatz sind:

1. ______________________________

2. ______________________________

3. ______________________________

Meine drei wichtigsten Herausforderungen in Bezug auf den Lernstil am Arbeitsplatz sind:

1. ______________________________

2. ______________________________

3. ______________________________

Ich erlebe erhebliche(n)
- Stress
- Ängste
- Depressionen

(bitte Zutreffendes ankreuzen).

Zu meinen Stressoren am Arbeitsplatz gehören:

1. ______________________________

2. ______________________________

3. ______________________________

Meine Stressmanagement-Werkzeuge zur Bewältigung oder Reduzierung von Stress am Arbeitsplatz sind:

1. meine Stärken und Herausforderungen zu kennen
2. mein aktuelles Niveau von Depression, Angst und Stress zu kennen
3. die Ursachen für Stress am Arbeitsplatz zu verstehen
4. die persönlichen Anzeichen von Stress zu erkennen
5. die Verwendung eines Fitnesstrackers zur Überwachung von Stresssymptomen
6. Strategien gegen meine Stressoren am Arbeitsplatz
7. Energiebuchhaltung
8. Progressive Muskelentspannung

(Kreuzen Sie die Werkzeuge an, von denen Sie glauben, dass sie für Sie am hilfreichsten sind.)

Herzlichen Glückwunsch, Sie haben die 1. Stufe geschafft!

Stufe 2

Werkzeuge für das sensorische Management

Wir definieren Autismus-Spektrum-Störungen in erster Linie anhand des Fähigkeitsprofils einer Person in den Bereichen soziales Denken, Sprache und kognitive Fähigkeiten. Ein weiteres Merkmal, das in Autobiografien und Beschreibungen von Eltern über ihre Kinder klar herausgestellt und in den DSM-5-Diagnosekriterien[8] für Autismus anerkannt wird, ist ein sensorisches Wahrnehmungssystem, das anders funktioniert als bei neurotypischen Menschen. Diese Unterschiede und wie sie sich auf eine Person im Autismus-Spektrum auswirken, werden im Folgenden beschrieben.

Einige Erwachsene im Autismus-Spektrum sind der Ansicht, dass ihre sensorische Empfindlichkeit ihr tägliches Leben stärker beeinträchtigt als Probleme beim Schließen von Freundschaften, beim Umgang mit Emotionen und bei der Aufrechterhaltung einer Beschäftigung. Leider haben Forschungsstudien diesen Aspekt von Autismus-Spektrum-Störungen eher ignoriert. Deshalb haben wir keine zufriedenstellende Erklärung dafür, warum jemand eine ungewöhnliche sensorische Empfindlichkeit oder eine Reihe von wirksamen Strategien zur Veränderung der sensorischen Empfindlichkeit hat.

Am häufigsten ist die Reaktion auf bestimmte Geräusche, aber auch Reaktionen auf taktile Erfahrungen, Lichtintensität, den Geschmack und die Beschaffenheit von Lebensmitteln und bestimmte Aromen kommen vor. Es kann zu einer Unter- oder Überreaktion auf das Erleben mit Schmerz und körperlichem Unbehagen kommen, der Gleichgewichtssinn, die Bewegungswahrnehmung und die Körperwahrnehmung können ungewöhnlich sein. Ein oder mehrere Sinnessysteme können so beeinträchtigt sein, dass alltägliche Empfindungen als unerträglich intensiv oder aber scheinbar gar nicht wahrgenommen werden. Andere Menschen sind oft verblüfft, warum diese Empfindungen unerträglich sind oder gar nicht wahrgenommen werden, während die betroffene Person ebenso verwirrt ist, warum andere nicht dasselbe Maß an Sensibilität haben.

Ein Erwachsener im Autismus-Spektrum nimmt möglicherweise tatsächlich Geräusche wahr, die für andere zu leise sind, erschrickt übermäßig durch plötzliche Geräusche oder empfindet Geräusche in einer bestimmten Tonhöhe, zum Beispiel das Geräusch eines Händetrockners oder Staubsaugers, als unerträglich. Die Person ist versucht, sich die Ohren zuzuhalten, um das Geräusch auszublenden, oder sie versucht verzweifelt, dem Geräusch zu entkommen. Helles Sonnenlicht kann fast »blenden«, bestimmte Farben werden vermieden, weil sie zu intensiv sind, und die Person kann visuelle Details wahrnehmen und sich an ihnen festbeißen, zum Beispiel an Staub, der in einem Sonnenstrahl schwebt. Es kann eine selbst auferlegte eingeschränkte Diät geben, die Lebensmittel mit einer bestimmten Beschaffenheit, einem bestimmten Geschmack, Geruch oder einer bestimmten Temperatur ausschließt. Aromen wie Parfüm oder Reinigungsmittel werden oft gemieden, weil sie Übelkeit auslösen. Es können auch Probleme mit dem Gleichgewichtssinn auftreten. Die Person hat möglicherweise Angst, mit den Füßen den Boden zu verlassen, und hasst es, auf dem Kopf zu stehen.

Im Gegensatz dazu kann es auch zu einem Mangel an Sensibilität für bestimmte Sinneserfahrungen kommen, wie zum Beispiel das Ausbleiben von Reaktionen auf bestimmte Geräusche, das Ausbleiben von Schmerzäußerungen bei Verletzungen, ein scheinbar fehlendes Bedürfnis nach warmer Kleidung an einem sehr kalten Wintertag oder das Wahrnehmen von Hunger- und Durstgefühlen. Das sensorische System kann in einem Moment überempfindlich und in einem anderen Moment unterempfindlich sein. Manche Sinneserfahrungen können ein intensives Vergnügen auslösen, zum Beispiel das Geräusch und das Fühlen einer vibrierenden Waschmaschine oder das Farbspektrum einer Straßenlaterne.

Mögliche andere sensorische Wahrnehmungen sind:

- sowohl Über- als auch Unterempfindlichkeit gegenüber Sinneseindrücken
- sensorische Verzerrungen
- sensorische »Abschaltungen«
- Reizüberflutung
- ungewöhnliche sensorische Verarbeitung
- Schwierigkeiten bei der Identifizierung der Herkunft von sensorischen Informationen

Geräuschempfindlichkeit

Drei Arten von Lärm werden als äußerst unangenehm empfunden: plötzliche, unerwartete Geräusche; hohe, kontinuierliche Geräusche und verwirrende, komplexe oder vielfältige Geräusche. Einige dieser Geräusche können vermieden werden. Silikon-Ohrstöpsel können zu einer Barriere werden, um den Grad der auditiven Stimulation zu reduzieren.

Reizüberflutung

Erwachsene im Autismus-Spektrum beschreiben häufig ein Gefühl der Reizüberflutung. Die intensiven sensorischen Erfahrungen oder »dynamischen Reizüberflutungen« und die Überlastung führen dazu, dass sie extrem gestresst, ängstlich und fast traumatisiert in Situationen sind, die von anderen nicht als unangenehm, sondern als angenehm empfunden werden. Eine Person mit sensorischer Sensibilität wird in sensorisch stimulierenden Umgebungen extrem wachsam (hypervigilant), angespannt und ablenkbar, weil sie nicht weiß, wann die nächste schmerzhafte sensorische Erfahrung auftreten wird. Es kann sein, dass sie bestimmte Situationen aktiv meidet, zum Beispiel Flure, Kantinen oder die Cafeteria, Fabrikhallen, belebte Einkaufszentren und Supermärkte, von denen sie weiß, dass sie eine zu intensive sensorische Erfahrung darstellen.

Die ängstliche Erwartung kann so stark werden, dass sich eine Angststörung entwickelt, zum Beispiel eine Phobie vor Hunden, weil sie plötzlich bellen könnten, oder eine Agoraphobie (Angst vor öffentlichen Plätzen), weil die eigene Wohnung dagegen eine relativ sichere und kontrollierte sensorische Erfahrung ist. Bestimmte soziale Situationen, zum Beispiel die Teilnahme an einer Betriebsfeier, können vermieden werden, nicht nur wegen der Unsicherheit in Bezug auf die erwarteten gesellschaftlichen Konventionen, sondern auch wegen des Lärmpegels.

Fragebogen

Um Ihr sensorisches Profil zu erforschen, füllen Sie bitte den folgenden Fragebogen aus: »Sensorische Wahrnehmung«.[9] Die Ergebnisse werden Ihnen helfen, Ihre Sinneswahrnehmung weiter zu erforschen, und zeigen, wo Ihre Herausforderungen liegen.

Lernen Sie Ihr sensorisches Profil kennen

Bitte kreuzen Sie die Punkte an, die Ihre Sinneswahrnehmung beschreiben.

Sensorische Wahrnehmung

Sensorische Wahrnehmung	Zutreffendes ankreuzen
Ich kann verschiedene Menschen anhand ihres Geruchs unterscheiden.	☐
Ich kann allein am Geruch erkennen, ob eine Erdbeere reif ist.	☐
Ich bin in der Lage, die Veränderung der Helligkeit einer Lampe zu erkennen, wenn der Dimmer um eine Stufe verstellt wird.	☐
Ich merke, wenn jemand fünf Tropfen Zitronensaft in mein Wasserglas gibt.	☐
Ich kann hören, wie sich ein Blatt bewegt, wenn es auf einer ruhigen Straße vom Wind verweht wird.	☐
Ich kann den Unterschied zwischen zwei Marken von salzigen Kartoffelchips schmecken.	☐
Ich kann das Etikett auf der Rückseite meines Hemdes fühlen.	☐
Ich kann Elektrizität in den Wänden summen hören.	☐
Ich bemerke das Flackern eines Computerbildschirms, auch wenn er ordnungsgemäß funktioniert.	☐
Ich bin in der Lage, eine winzige Veränderung (zum Beispiel 1 Grad) der Außentemperatur zu bemerken.	☐
Ich spüre einen ein Millimeter langen Schnitt in meiner Haut.	☐

Sensorische Wahrnehmung	Zutreffendes ankreuzen
Ich kann bei geschlossenen Augen den Gewichtsunterschied zwischen zwei verschieden großen Münzen auf meiner Handfläche spüren.	☐
Ich kann eine vertraute Person von einer fremden durch ihren Geruch unterscheiden.	☐
Ich kann altbackenes Brot allein am Geruch erkennen.	☐
Ich bin in der Lage, das Geräusch eines Staubsaugers in jedem Raum eines zweistöckigen Gebäudes zu hören.	☐
Ich spüre das Gummiband, das meine Socken hält, wenn ich darüber nachdenke.	☐
Ich kann den Unterschied zwischen scheinbar identischen Süßigkeiten schmecken.	☐
Ich spüre das Gewicht und den Druck eines Hutes auf meinem Kopf.	☐
Ich spüre, wenn ein einziges Haar meinen Handrücken berührt.	☐
Wenn ich zu Fuß unterwegs bin, kann ich die Vibrationen eines vorbeifahrenden Lastwagens spüren, auch wenn ich die Augen geschlossen habe.	☐
Ich kann das kleinste Gasleck überall im Haus riechen.	☐
Ich bemerke allein am Geruch, wenn jemand sein Parfüm wechselt.	☐
Ich kann bei hellem Sonnenlicht nicht ohne Sonnenbrille hinausgehen.	☐
Ich kann die Veränderung der Temperatur einer Tasse Kaffee spüren, nachdem sie eine Minute lang gestanden hat.	☐
Ich merke als Erster, wenn eine Fliege im Raum ist.	☐
Wenn ich mir in einem Geschäft einen Stapel blauer Pullover ansehe, die eigentlich identisch sein sollten, kann ich Unterschiede zwischen ihnen erkennen.	☐
Ich nehme einen neuen Geruch in meinem Haus vor allen anderen wahr.	☐

Sensorische Wahrnehmung	Zutreffendes ankreuzen
Ich kann den Unterschied zwischen den meisten Männern und Frauen riechen.	☐
Ich kann jede Note in einem Akkord hören, selbst wenn es zehn Noten sind.	☐
Ich schließe die Vorhänge, um helles Licht zu vermeiden.	☐
Ich bin in der Lage, zwei Kaffeemarken am Geruch zu unterscheiden, sogar mit geschlossenen Augen.	☐
Ich kann in den meisten Umgebungen Staubpartikel in der Luft sehen.	☐
Ich kann den Unterschied zwischen zwei Marken von Tomatensaucen schmecken, wenn sie unterschiedliche Salzkonzentrationen haben.	☐
Ich kann von überall im Haus die kleinste Verbrennung riechen.	☐
Wenn mein Mobiltelefon in meiner Tasche vibriert, bemerke ich das sofort.	☐
Wie viele Aussagen haben Sie angekreuzt?	

Aktivitäten

Aktivität 1:

Erforschen Sie Ihre Sinneswahrnehmungen

» Besprechen Sie mit Ihrem Mentor oder Ihrer Mentorin die Kategorien der Sinneswahrnehmungen, die mit Autismus-Spektrum-Störungen in Verbindung gebracht werden und für die Sie empfindlich sind, zum Beispiel Berührung, Hören, Sehen, Riechen und Schmecken sowie die Unterkategorien Druck, Temperatur, Schmerz und Vibration. Orientieren Sie sich dabei an Ihrem ausgefüllten Fragebogen (Seite 58).

Es können auch andere Aspekte von Sinneswahrnehmung auftreten, zum Beispiel eine verringerte Sensibilität für Hunger, Durst, Körperempfindungen, das Auftreten von Krankheiten sowie Propriozeption (Wahrnehmung des Körpers im Raum) und Gleichgewichtssinn, der durch das vestibuläre System gesteuert wird.

Im Gespräch können Sie den Grad des Unbehagens oder sogar des akuten Schmerzes bei der Wahrnehmung bestimmter sensorischer Erfahrungen beschreiben. Außerdem können Sie erklären, wie sensorische Empfindlichkeiten Ihre Konzentration beeinträchtigen und zu Stress und Angstgefühlen beitragen.

Es stellt sich auch die Frage, ob Ihre Kollegen, Kolleginnen und Vorgesetzten das Ausmaß Ihrer sensorischen Sensibilität verstehen und berücksichtigen. Sie können mit Ihrer Mentorin oder Ihrem Mentor besprechen, wie Sie Ihre sensorische Sensibilität Ihren Kolleginnen, Kollegen und Vorgesetzten erklären können.

Ihre persönlichen Notizen zu dem Gespräch:

____

____

____

____

____

Umgang mit sensorischer Sensibilität

Es gibt zwei Arten von Bewältigungsmechanismen bei überwältigenden sensorischen Erfahrungen: persönliche Bewältigungsstrategien und Umweltanpassungen. Persönliche Bewältigungsstrategien erfordern eine physische oder psychische Anpassung, um die sensorische Erfahrung zu bewältigen, zum Beispiel:

- Schaffung einer Barriere, zum Beispiel durch das Tragen von Ohrstöpseln oder die Verwendung von Irlen-Linsen zur Verringerung der visuellen Empfindlichkeit und Verzerrung
- mutig sein und die Erfahrung aushalten
- Erstellen eines sensorischen Reparatursets, das zum Beispiel Pfefferminzöltropfen auf einem Taschentuch enthält, um einen unangenehmen Geruch zu überdecken; Ihr Mobiltelefon, um Musik oder einen Podcast zu hören; Kopfhörer mit Geräuschunterdrückung als Barriere für unangenehme auditive Eindrücke und Fidget Toys als vorübergehende Ablenkung.

Für umweltbedingte Anpassungen müssen Ihr Arbeitgeber, Ihre direkte Vorgesetzte oder Ihre Arbeitskollegen und -kolleginnen zumutbaren Änderungen an Ihrem Arbeitsplatz zustimmen, zum Beispiel:

- Entfernung Ihres Schreibtischs von der Quelle eines störenden Geräuschs, zum Beispiel eines Kühlschranks oder einer Maschine
- Änderung der Beleuchtung von Leuchtstoffröhren zu Glühbirnen oder natürlichem Licht
- Aufforderung an andere Mitarbeitende, die Musik oder das Radio auszuschalten oder leiser zu stellen

Aktivität 2:

Strategien für den Umgang mit sensorischer Empfindlichkeit

›› Füllen Sie gemeinsam mit Ihrem Mentor oder Ihrer Mentorin die folgende Tabelle aus, um persönliche Bewältigungsstrategien und räumliche Anpassungen zu ermitteln, die Sie am Arbeitsplatz beantragen könnten.

Strategien für den Umgang mit sensorischer Empfindlichkeit

Sinnliche Erfahrung	persönliche Bewältigungsstrategie	räumliche Anpassungen
Geräusche		
visuelle Eindrücke		
Gerüche		
Berührungen		
Geschmack		

Sensorischer Meltdown

Ein sensorischer Zusammenbruch kann auftreten, wenn Sie das Gefühl haben, eine Reizüberflutung zu erleben und die Intensität der sensorischen Erfahrungen unerträglich wird, sodass Sie schnell die Fähigkeit verlieren, ruhig zu bleiben und das verzweifelte Bedürfnis haben, der Situation zu entkommen.

Aktivität 3:

Ihre persönlichen Erfahrungen mit sensorischen Meltdowns

» Machen Sie sich entweder Gedanken und Notizen oder besprechen Sie mit Ihrem Mentor oder Ihrer Mentorin Ihre Antworten auf die folgenden Fragen:

- Was sind Ihre Anzeichen für einen bevorstehende Meltdown?
- Welche Strategien könnten Sie einsetzen, um einen Meltdown zu verhindern?
- Wie können Sie sich erholen?
- Wie können Ihre Kolleginnen und Kollegen Ihnen vor, während und nach einem sensorischen Meltdown helfen?

Ihre persönlichen Notizen zu dem Gespräch:

Persönliche Erkenntnisse aus Stufe 2

Die sensorischen Herausforderungen wirken sich folgendermaßen auf meine Arbeit aus:

1. ______________________________

2. ______________________________

3. ______________________________

Meine drei wichtigsten persönlichen Strategien zur Bewältigung schwieriger sensorischer Erfahrungen bei der Arbeit sind:

1. ______________________________

2. ______________________________

3. ______________________________

Diese drei Veränderungen in der Arbeitsumgebung würden mir wirklich helfen, mich zu konzentrieren:

1. ______________________________

2. ______________________________

3. ______________________________

Herzlichen Glückwunsch, Sie haben Stufe 2 geschafft!

Stufe 3

Werkzeuge bei sozialen Schwierigkeiten

Zu den Merkmalen von Autismus-Spektrum-Störungen gehören Schwierigkeiten beim Erreichen sozialer Reziprozität (gegenseitige Abhängigkeiten), beim Verstehen nonverbaler Kommunikation und bei der Entwicklung von Fähigkeiten zur Teamarbeit. Das kann am Arbeitsplatz zu Problemen bei der sozialen Kommunikation führen. Weitere Schwierigkeiten können dadurch entstehen, dass Menschen im Autismus-Spektrum dazu neigen, in erster Linie Arbeitsziele erreichen zu wollen, zum Beispiel die Arbeit mit einem hohen Standard zu erledigen und die Details abzuschließen. Neurotypische Menschen dagegen konzentrieren sich oft in höherem Maße auf soziale Ziele, zum Beispiel eine Beziehung zu jemandem aufzubauen, gemocht zu werden, Komplimente zu erhalten, anderen zu gefallen, usw.

Beide Zielsetzungen sind am Arbeitsplatz wichtig und gültig, aber diese Ziele müssen ausgewogen und dem Arbeitsumfeld angemessen sein. Probleme können entstehen, wenn eine Person aus dem Autismus-Spektrum am Arbeitsplatz ihre eigene Rolle und ihren Beitrag zu Störungen der sozialen Kommunikation nicht erkennt und wenn Kollegen, Kolleginnen und Vorgesetzte die Eigenschaften und Motivationen der Person mit Autismus nicht verstehen oder annehmen. Es ist wichtig, zu erkennen, dass es zwei Menschen braucht, um eine soziale Interaktion erfolgreich zu machen.

Soziale Werkzeuge beziehen sich auf Strategien, die eine erfolgreiche soziale Kommunikation wahrscheinlicher machen. Dazu gehören:

- Zugang zu sozialer Beratung am Arbeitsplatz
- effiziente Verwendung von Skripten für die soziale Kommunikation
- Strategien, die helfen, wenn die soziale Kommunikation zusammenbricht
- selbstbewusstes und effektives Vorgehen gegen Mobbing am Arbeitsplatz

Aktivitäten

Aktivität 1:

Identifizieren und Verstehen der eigenen Persönlichkeitsmerkmale

» Eine der besten Voraussetzungen für den Einsatz sozialer Werkzeuge bei der Arbeit sind Ihre Persönlichkeit und insbesondere Ihre persönlichen Stärken. Diese Aktivität soll Ihnen dabei helfen, Ihre persönlichen Qualitäten zu erkennen. Dann werden wir sehen, wie diese Stärken Ihre soziale Kommunikation am Arbeitsplatz verbessern können.

Ihre Persönlichkeit können Sie sich als Teil eines Puzzles vorstellen. Jeder Mensch hat eine einzigartige Persönlichkeit oder Puzzleform. Manche Formen passen gut zu anderen Formen, während manche Menschen ungewöhnliche Eigenschaften (oder Puzzleformen) haben und ihre Eigenschaften anpassen müssen, um leichter mit anderen zusammenzupassen. Es kann auch sein, dass sie nach einer anderen passenden Form suchen müssen.

Einige Persönlichkeitsmerkmale werden für bestimmte Berufe benötigt, zum Beispiel für den Umgang mit Kunden, oder die Fähigkeit, effektiv in einem Team zu arbeiten. Die Erforschung Ihrer Persönlichkeitsmerkmale kann Ihnen helfen, Persönlichkeitsqualitäten zu entdecken, die bei der Arbeit, bei Freundschaften oder in einer Beziehung von Vorteil sein können.

Persönlichkeitsmerkmale sind die Eigenschaften, die beschreiben, wie Sie sind, zum Beispiel freundlich, hilfsbereit, loyal, belastbar, nicht verurteilend, unterstützend, entschlossen, vertrauenswürdig, nachdenklich, ehrlich, selbstbewusst, intelligent, ruhig, fröhlich, großzügig, humorvoll, fantasievoll. Das sind nur einige der vielen hundert Worte, die zur Beschreibung der Persönlichkeit eines Menschen verwendet werden können.

Im Folgenden haben wir einige positive Persönlichkeitsmerkmale aufgelistet. Kreisen Sie die Eigenschaften ein, die Ihre Persönlichkeit beschreiben.

Eigenschaften, die Ihre Persönlichkeit beschreiben

Kreisen Sie die Eigenschaften an, die Ihre Persönlichkeit beschreiben		
abenteuerlustig	klug	rücksichtsvoll
aufrichtig	kreativ	sanft
ausdauernd	künstlerisch	seriös
ehrgeizig	lernbegierig	schelmisch
einfallsreich	liebevoll	schlagfertig
einfühlsam	loyal	schüchtern
empathisch	lustig	sorgfältig
energisch	mitfühlend	stolz
enthusiastisch	mutig	sympathisch
ehrlich	nachdenklich	tolerant
erfinderisch	nachsichtig	unkompliziert
fair	neugierig	vertrauensvoll
freundlich	optimistisch	vorsichtig
fröhlich	ordentlich	wortgewandt
großzügig	praktisch	zielstrebig
hilfsbereit	rational	zuverlässig
höflich	ruhig	zurückhaltend

Aktivität 2

Persönlichkeitsmerkmale als Stärken am Arbeitsplatz verstehen

» Nehmen Sie sich Zeit, um darüber nachzudenken, wie jedes Ihrer Persönlichkeitsmerkmale am Arbeitsplatz von Vorteil sein kann:

- in Beziehungen zu Ihren Kunden oder Klientinnen, Kollegen, Kolleginnen und Vorgesetzten (B)
- für Ihr Selbstwertgefühl und Ihre Selbstidentität (S)
- für Freude am Erfolg im Berufsleben (E)

Setzen Sie neben die eingekreiste Eigenschaft ein B, S oder E (wie oben angegeben), um zu verdeutlichen, wie welche Eigenschaft in welchem Bereich von Nutzen sein könnte. Einige Ihrer Qualitäten könnten auch zu zwei oder zu allen drei Bereichen passen.

Aktivität 3:

Wie Ihre Persönlichkeitsmerkmale von Vorteil sein können

›› Sprechen Sie mit Ihrer Mentorin oder Ihrem Mentor darüber, wie Ihre persönlichen Eigenschaften jetzt und in Zukunft in Ihrem Berufsleben von Vorteil sein können. Notieren Sie unten, welche Ihrer Eigenschaften in welchem der drei Bereiche von Vorteil sein könnten.

1. Beziehungen bei der Arbeit

____

____

____

____

2. Selbstwertgefühl und Selbstidentität

____

____

____

____

3. Freude am Erfolg im Berufsleben

____

____

____

____

»Aspergerisch« verstehen

Menschen im Autismus-Spektrum denken und verhalten sich anders als neurotypische Menschen. Folgende Übersicht kann Ihren Kolleginnen, Kollegen und Vorgesetzten helfen, Sie besser zu verstehen:

»Aspergerisch« verstehen

»Aspergerisch«	Warum?	Was ist zu tun?
Ich schaue Sie nicht an, wenn Sie sprechen.	Es hilft mir bei der Verarbeitung des Gesagten.	Ich höre Ihnen zu, auch wenn ich Sie nicht anschaue. Nehmen Sie es nicht persönlich.
Ich habe Probleme damit, wenn Sie mich auf meine Fehler ansprechen oder mich kritisieren.	Versuchen Sie, mir zu helfen, und mein Selbstwertgefühl zu steigern. Seien Sie nicht zu ehrlich zu mir.	Seien Sie nicht beleidigt. Danken Sie mir für meine Arbeit.
Es dauert lange, bis ich antworte.	Ich verarbeite gesprochene Sprache und soziale Informationen langsamer als Sie.	Seien Sie geduldig mit mir, lassen Sie mir Zeit.
Ich spreche sehr lange und erwähne viele Details.	Ich lege großen Wert auf Details, Wissen und die korrekte Ausführung meiner Arbeit.	Danken Sie mir und bitten Sie um eine Kurzfassung.
Ich bin äußerst empfindlich, wenn ich das Gefühl habe, für dumm gehalten zu werden.	Meine Intelligenz ist mir sehr wichtig.	Entschuldigen Sie sich und loben Sie meinen Intellekt.

Aktivität 4:

Mögliche Schwierigkeiten bei der sozialen Kommunikation am Arbeitsplatz verstehen

» Denken Sie daran, dass eine erfolgreiche soziale Kommunikation voraussetzt, dass alle Teilnehmenden an einer sozialen Interaktion die Perspektive, die Motivation und die sozialen Fähigkeiten des anderen verstehen. Die folgenden möglichen Schwierigkeiten sind unterteilt in Probleme, die Sie bei sich selbst erlebt haben, und Probleme, die Sie bei anderen Menschen erlebt haben.

Nehmen Sie sich jetzt etwas Zeit, um über die Schwierigkeiten in der sozialen Kommunikation nachzudenken, die Sie bei der Arbeit erlebt haben. Denken Sie dann über die aufgelisteten Schwierigkeiten nach.

Schwierigkeiten bei der sozialen Kommunikation

Soziale Kommunikationsschwierigkeiten	ankreuzen, falls zutreffend
Ich habe Schwierigkeiten	
um Hilfe zu bitten, wenn ich sie brauche	☐
Strategien zur Wiederherstellung der Interaktion anzubieten, wenn die Kommunikation abbricht	☐
mit Mobbing am Arbeitsplatz selbstbewusst umzugehen	☐
den Standpunkt oder die Ziele einer anderen Person zu verstehen	☐
eine Aussage nicht wörtlich zu nehmen, wenn sie nicht so beabsichtigt war	☐
Ich finde andere Menschen bei der Arbeit schwierig, wenn	
sie mehr Geselligkeit erwarten, als ich für nötig halte oder verkraften kann, zum Beispiel oberflächliches Geplauder, Gespräche über uninteressante oder irrelevante Themen	☐
sie eine ehrliche Antwort auf ihre Frage nicht zu schätzen wissen	☐
sie meine Arbeit und/oder Gespräche unterbrechen	☐
sie meinen Standpunkt nicht verstehen, obwohl ich ihn schon oft erklärt habe	☐

Ist Ihnen davon schon einmal etwas passiert? Können Sie sich vorstellen, dass Ihnen etwas davon passieren könnte? Fallen Ihnen noch andere soziale Kommunikationsschwierigkeiten ein, die Ihnen bei der Arbeit begegnen könnten? Besprechen Sie die tatsächlichen und möglichen sozialen Kommunikationsschwierigkeiten mit Ihrer Mentorin oder Ihrem Mentor und machen Sie sich unten Notizen dazu.

Ihre persönlichen Notizen aus dem Gespräch:

Aktivität 5:

Soziale Unterstützung in Anspruch nehmen, wenn man sie braucht

» Eines der Probleme bei dem Versuch, soziale Kommunikationsprobleme allein zu lösen, besteht darin, dass wir dem Problem zu nahestehen, um es klar zu erkennen. Ein Kollege oder eine Mentorin kann von unschätzbarem Wert sein, wenn es darum geht, das Problem aus einem anderen Blickwinkel zu betrachten. Dadurch ergeben sich dann gute Chancen, eine Lösung zu finden.

Können Sie sich an eine Situation in Ihrem Leben erinnern, in der Ihnen jemand geholfen hat, ein soziales Kommunikationsproblem zu lösen? Das kann ein Elternteil, ein Freund oder eine Lehrerin gewesen sein.

Besprechen Sie mit Ihrer Mentorin oder Ihrem Mentor, inwiefern andere Menschen eine große Hilfe für die Lösung sozialer Kommunikationsprobleme sein können.

Ihre persönlichen Notizen aus dem Gespräch:

____

____

____

____

____

____

____

____

Aktivität 6:

Aufbau eines Netzwerks zur sozialen Unterstützung

» Schauen Sie sich die Abbildung an. Es gibt eine Reihe von Personen, die Sie in Ihrem sozialen Umfeld unterstützen können.

Human Research Manager
sind zuständig für die Einstellung, die Ermittlung des Bedarfs an Arbeitsplatzanpassungen für eine Einzelperson oder eine Arbeitsgruppe und die Beratung von Vorgesetzten in Bezug auf Arbeitsplatzrichtlinien und alle zwischenmenschlichen Streitigkeiten oder Beschwerden.

Direkte Vorgesetze
haben direkte Führungsverantwortung und Verantwortung für die Arbeitsproduktivität der Mitarbeitenden. Sie sind für Entscheidungen über Arbeitsaufgaben, die Festlegung von Prioritäten, die Bereitstellung von Feedback und die Leistungsbeurteilung sowie für die Umsetzung von Anpassungen am Arbeitsplatz zuständig.

Mentoren am Arbeitsplatz:
Ältere oder erfahrene Mitarbeitende, die als Berater oder Beraterin am Arbeitsplatz eingesetzt werden und einen Kollegen oder eine Kollegin anleiten oder ausbilden. Mentoren und Mentorinnen am Arbeitsplatz überwachen die Arbeitsfähigkeiten und -leistungen.

Beraterinnen oder Coachs für Autismus
überwachen den Unterstützungsbedarf einer Person im Autismus-Spektrum am Arbeitsplatz und beraten über Strategien, die eine erfolgreiche Beschäftigung ermöglichen.

Psychologen
sind Experten oder Spezialistinnen für Psychologie, die häufig außerhalb der Organisation, für die Sie arbeiten, tätig sind. Sie können eine Person bei der Bewältigung von Problemen wie Stress, Ängsten und Depressionen sowie beim Erwerb bestimmter sozialer Fähigkeiten unterstützen.

Partner, Eltern, Geschwister und Freunde
können Ihnen helfen, einige der sozialen Dynamiken und Probleme am Arbeitsplatz zu verstehen, und Ihnen Ratschläge geben, wie Sie bestimmte soziale Situationen meistern können. Sie verfügen über ein umfangreiches Wissen über Ihre sozialen Fähigkeiten und Herausforderungen und wissen, wie Sie bestimmte Fähigkeiten und soziale Verhaltensweisen erlernen können.

Nehmen Sie sich jetzt etwas Zeit, um für sich selbst herauszufinden, welche Personen in Ihrem Arbeitsleben am besten geeignet wären, um Sie in sozialen Situationen und bei der sozialen Kommunikation am Arbeitsplatz anzuleiten und zu beraten. Schreiben Sie dann die Namen der Personen auf, die zu Ihrem sozialen Unterstützungsnetz am Arbeitsplatz gehören könnten.

PERSÖNLICHE UNTERSTÜTZUNG
Familie, Freunde/Freundinnen
Psychologe/Psychologin, Arzt/Ärztin
soziale oder Interessengruppe

UNTERSTÜTZUNG AM ARBEITSPLATZ
Personalleiter/Personalleiterin (Human Research Manager)
direkter Vorgesetzter/direkte Vorgesetzte
Kolleginnen und Kollegen

INDIVIDUELLER PLAN
Mentor oder Mentorin zur Unterstützung bei der Ausführung und Überprüfung des Plans
persönlicher Beschäftigungsplan

Verschiedene Personen können Sie bei der Weiterentwicklung von sozialen Fähigkeiten unterstützen.

Personalleiter oder Personalleiterin:

____

Vorgesetzte oder Vorgesetzter:

____

Mentor oder Mentorin:

____

Beraterin oder Coach für Menschen im Autismus-Spektrum:

____

Schreiben Sie die Namen von Personen auf, die Sie zu Hause oder im Privatleben bei Schwierigkeiten mit der sozialen Kommunikation am Arbeitsplatz unterstützen könnten.

Partner oder Partnerin, Eltern oder Geschwister:

____

Freunde und Freundinnen:

____

Psychologe, Beraterin oder Life Coach:

____

Aktivität 7:

Ihr soziales Unterstützungsnetzwerk

» Besprechen Sie die folgenden Punkte mit Ihrem Mentor oder Ihrer Mentorin:

Was sollten Sie den einzelnen Personen in Ihrem sozialen Unterstützungsnetzwerk über etwaige Schwierigkeiten bei der sozialen Kommunikation am Arbeitsplatz mitteilen? Wie unterscheiden sich die Informationen je nach Rolle der Person?

Welche potenziellen Hindernisse könnten Sie davon abhalten, soziale Unterstützung zu suchen, wenn Sie sie brauchen? Vielleicht sind Sie nicht in der Lage, eine Störung in der sozialen Kommunikation zu erkennen oder Sie verstehen die Absichten oder »versteckten Absichten« von jemandem nicht. Eventuell möchten Sie auch nicht mitteilen, dass Sie das nicht verstehen.

Besprechen Sie mögliche Lösungen für diese Hindernisse mit Ihrem Mentor oder Ihrer Mentorin. Dazu könnte gehören, dass Sie einen Termin für ein Gespräch über Ihre Schwierigkeiten mit der sozialen Kommunikation vereinbaren und Notizen für das Gespräch vorbereiten.

Aktivität 8:

Entwicklung von Skripten für den Zusammenbruch der sozialen Kommunikation

» Sie haben festgestellt, dass Sie Probleme mit der sozialen Kommunikation haben und möchten sie beheben. Wir haben festgestellt, dass soziale Skripte dabei sehr hilfreich sein können. Denken Sie über die folgenden Fragen zu möglichen Schwierigkeiten in sozialen Situationen nach und erstellen Sie gemeinsam mit Ihrem Mentor oder Ihrer Mentorin ein Skript für jede Situation. Überlegen Sie auch, wie Sie das verschiedenen Personen am Arbeitsplatz gegenüber kommunizieren könnten, zum Beispiel Ihrem Vorgesetzten oder Ihren Arbeitskolleginnen. Ihre Mentorin oder Ihr Mentor kann Ihnen dazu Ratschläge geben.

Wie könnten Sie mitteilen, dass Sie in der Mittagspause lieber allein sind und nicht mit Ihrem Vorgesetzten und Ihren Kolleginnen sprechen möchten?

Vorgesetzte:

____

____

Kolleginnen und Kollegen:

____

____

Wie können Sie anderen mitteilen, dass Sie sie manchmal unterbrechen, während Sie ein Gespräch führen, dass Sie aber nicht unhöflich sein oder andere beleidigen wollen?

Vorgesetzte:

____

____

Kolleginnen und Kollegen:

____

____

Wie könnten Sie mitteilen, dass Sie die Unterhaltung beenden und sich wieder an die Arbeit machen wollen?

Vorgesetzte:

____

____

Kolleginnen und Kollegen:

____

____

Wie können Sie mitteilen, dass Sie über eine kritische Bemerkung sehr verärgert sind?

Vorgesetzte:

____

____

Kolleginnen und Kollegen:

____

____

Wie würden Sie sich entschuldigen, wenn Sie den Eindruck haben, dass sich jemand durch Ihre Worte beleidigt fühlt, auch wenn Sie sie nicht so gemeint haben?

Vorgesetzte:

____

____

Kolleginnen und Kollegen:

____

____

Denken Sie an ein Problem in der sozialen Kommunikation, das Sie in der Vergangenheit erlebt haben. Würde ein soziales Skript helfen? Formulieren Sie mit Ihrem Mentor oder Ihrer Mentorin ein Skript, das Sie in Zukunft verwenden können, falls das Problem erneut auftritt.

Vorgesetzte:

____

____

Kolleginnen und Kollegen:

____

____

Aktivität 9:

Rollenspiel-Skripte, um die soziale Kommunikation wiederherzustellen

» Ihre Mentorin oder Ihr Mentor kann mit Ihnen ein Rollenspiel zu einer Situation durchführen, die Sie als problematisch empfunden haben. Dadurch haben Sie die Möglichkeit, ein oder mehrere Ihrer Skripte zu üben. Überlegen Sie sich vor dem Rollenspiel, wie Sie Ihr Skript vortragen, und auch:

- Was ist die Absicht der sozialen Kommunikation?
- Welchen Gesichtsausdruck sollten Sie machen?
- Welcher Tonfall wird die Erfolgsaussichten verbessern?
- Welche Körperhaltung und Gesten sind angemessen?

Nach dem Rollenspiel wird Ihr Mentor oder Ihre Mentorin Ihnen Feedback und Ratschläge dazu geben, was und wie Sie es gesagt haben. Bitte machen Sie sich Notizen zu den wichtigsten Punkten:

Soziale Skripte und Rollenspiele

Manchmal hat die Verwendung eines Skripts nicht die gewünschte Wirkung und das Problem der sozialen Kommunikation bleibt bestehen. Wenn Sie alle Ihnen zur Verfügung stehenden Strategien ausprobiert haben, einschließlich der Erstellung von Skripten und Rollenspielen, und alle Hintergrundemotionen, die die Ausführung des Skripts beeinträchtigen könnten, in den Griff bekommen haben, aber das Problem mit der sozialen Kommunikation immer noch besteht, empfehlen wir Ihnen dringend, eine Person aus Ihrem sozialen Unterstützungsteam hinzuzuziehen, um weitere Strategien zu ermitteln. Manchmal kann Ihnen jemand, der nicht mit dem Problem konfrontiert ist, dabei helfen, das Problem besser zu verstehen und eine neue Idee zu entwickeln, was zu tun ist. In anderen Fällen kann ein Mediationsverfahren am Arbeitsplatz hilfreich sein.

Möglicherweise müssen Sie Ihrem Arbeitgeber und Ihren Kollegen und Kolleginnen alle Schwierigkeiten erklären, die Sie haben mit

- der Verarbeitung langer und komplexer Anweisungen
- der wörtlichen Auslegung eines Kommentars
- dem Übergang zu einer neuen Tätigkeit
- fein- und grobmotorischen Fähigkeiten
- einem ungewöhnlichen Sinn für Humor
- dem Umgang mit Sarkasmus
- einfühlsamem Antworten
- dem Erkennen, wie viel körperlichen Abstand der andere braucht
- Berührungen
- der Tendenz, Fehler von anderen wiederholt zu korrigieren
- der übermäßigen Darstellung technischer Details und Pedanterie
- dem Wissen, wie man ein Gespräch beginnt und beendet
- dem Verständnis für Büropolitik und zwischenmenschlicher Dynamik
- Ehrlichkeit, ohne zu verletzen
- dem Verständnis für angemessene Kleidung und persönliche Hygiene
- emotionaler Bindung
- Klatsch und Tratsch
- Flirten

Es kann nützlich sein, Skripte zu erstellen, die in Rollenspielen geprobt werden, um eine Reihe von Schwierigkeiten zu erklären, die eine Person im Autismus Spektrum im Berufsleben haben kann.

Strategien gegen Mobbing, Ablehnung und Spott

Leider sind Menschen im Autismus-Spektrum häufiger das Ziel von Mobbing, Hänseleien, Ablehnung und Spott als neurotypische Arbeitskollegen und -kolleginnen. Die psychologischen Folgen können erheblich dazu beitragen, den Stress zu erhöhen und sich am Arbeitsplatz deprimiert und ängstlich zu fühlen.

Es gibt sieben Arten von Mobbing:

1. verbal: abfällige Kommentare, peinliche Bemerkungen oder das Lustigmachen über Ihre Fähigkeiten oder Ihre Persönlichkeit
2. körperlich: schubsen oder drängeln, Dinge wegnehmen
3. emotional: Witze, bösartiger Klatsch, Spott
4. einschüchternd: Drohungen aussprechen, aggressiv sein und ein Gefühl der Angst erzeugen
5. sexuell: Berührungen an Körperstellen, die Sie als privat betrachten, Aufforderung, sich auf eine Weise zu kleiden, die Ihnen nicht gefällt
6. Internet: Veröffentlichung von Fehlinformationen, Gerüchten oder beleidigenden Kommentaren
7. finanziell: Sie dazu zu bringen, für Dinge zu bezahlen, die Sie nicht wollen; sich Geld zu leihen und es Ihnen nicht zurückzuzahlen

Diejenigen, die Mobbing betreiben, sind oft gut darin, sensible Themen oder persönliche Schwächen zu finden. Sie haben es in der Regel auf jemanden abgesehen, der oft allein ist und dem es an Selbstvertrauen und Schutz vor Kolleginnen und Kollegen mangelt.

Ihre Beweggründe können sein:

- um zum »Anführer« oder zur »Anführerin« in der Belegschaft zu werden
- Bewertung von Aggressivität als positive Persönlichkeitseigenschaft
- Verachtung für jemanden, der anders ist oder vielleicht bessere Arbeitsfähigkeiten hat
- um zu bekommen, was sie von Ihnen wollen
- um andere zum Lachen zu bringen

Aktivität 10:

Erkennen von Strategien bei Mobbing

» Besprechen Sie mit Ihrem Mentor oder Ihrer Mentorin Strategien, um die Wahrscheinlichkeit zu verringern, am Arbeitsplatz schikaniert, gehänselt, sozial abgelehnt oder lächerlich gemacht zu werden. Es ist auch wichtig zu besprechen, wie Sie nicht reagieren sollten, was eine kluge Reaktion wäre und wie Sie deutlich und selbstbewusst antworten können.

Sinnvolle Reaktionen können sein:

- Nach einem Vorfall sollten Sie die Umstände, die Beteiligten und die Abfolge der Ereignisse, das Verhalten und die Kommentare sowie die Auswirkungen auf Sie und Ihre Arbeitsleistung detailliert festhalten – Sie brauchen Beweise für das, was passiert ist.
- Lassen Sie sich von einem Arbeitskollegen oder einer -kollegin beraten und bestätigen.
- Führen Sie mit einer Person Ihres Vertrauens am Arbeitsplatz oder zu Hause eine emotionale Nachbesprechung durch.
- Entwickeln Sie eine selbstbewusste Reaktion für den Fall, dass sich ein solcher Vorfall wiederholt. Üben Sie sie mit einer Person Ihres Vertrauens, mit Ihrer Mentorin oder Ihrem Mentor.
- Überlegen Sie sich Gedanken, die Ihnen helfen, während und nach dem Vorfall ruhig zu bleiben und Ihre emotionale Reaktion zu reduzieren.
- Finden Sie heraus, welche Richtlinien und Verfahren Ihr Arbeitgeber für derartige Vorfälle hat und an wen Sie sich in diesem Fall wenden müssen. Denken Sie daran, dass die Folgen von Mobbing am Arbeitsplatz zu einer verminderten Arbeitsleistung und zur Kündigung von Mitarbeitenden führen können, die eine Bereicherung für ihren Arbeitgeber sind.
- Wenn Sie können, ignorieren Sie das Mobbing. Versuchen Sie zumindest, nicht sichtbar verzweifelt oder wütend zu sein.
- Fordern Sie die Person mit Nachdruck auf, aufzuhören.

Haben Sie noch andere Ideen?

____

____

Persönliche Erkenntnisse aus Stufe 3

Meine drei wichtigsten Strategien für den Umgang mit Mobbing, Hänseleien, Ablehnung und Spott am Arbeitsplatz sind:

1. ______________________________

2. ______________________________

3. ______________________________

Meine drei größten Schwierigkeiten in der sozialen Kommunikation am Arbeitsplatz sind:

1. ______________________________

2. ______________________________

3. ______________________________

Meine drei wichtigsten Strategien bei der Suche nach sozialer Unterstützung am Arbeitsplatz sind:

1. ______________________________

2. ______________________________

3. ______________________________

Meine drei wichtigsten Strategien für den Umgang mit sozialen Kommunikationsschwierigkeiten am Arbeitsplatz sind:

1. ______________________________

2. ______________________________

3. ______________________________

Herzlichen Glückwunsch, Sie haben Stufe 3 geschafft!

Stufe 4

Werkzeuge für mehr Selbstbewusstsein

Es gibt viele Arten von Bewusstsein, wir konzentrieren uns in dieser Phase speziell auf das Selbstbewusstsein. Eine der wichtigsten Möglichkeiten, wie wir unser Selbstbewusstsein steigern können, ist die Meditation. Sie werden sich vielleicht fragen, warum wir Meditation in ein Programm zur Verbesserung Ihrer Arbeitsfähigkeit aufgenommen haben. Die Antwort lautet kurz und bündig: In mehr als 40 Jahren Forschung hat sich gezeigt, dass eine regelmäßige Meditationspraxis nicht nur gut für die körperliche und geistige Gesundheit ist, sondern auch sehr wirkungsvoll für die Stärkung des Selbstbewusstseins und damit für die Selbstregulierung, die sozialen Fähigkeiten sowie die Arbeitsleistung. Aus der Forschung wissen wir auch, dass genau die Bereiche des Gehirns, die von Autismus-Spektrum-Störungen betroffen sind und die die spezifischen Herausforderungen verursachen, die Bereiche sind, die laut Studien zur Gehirnmorphologie durch Meditation positiv beeinflusst werden.[10]

Meditation

Es gibt viele Arten der Meditation. Bei einigen geht es darum, die Gedanken wahrzunehmen, zum Beispiel bei der Achtsamkeitsmeditation, und bei anderen darum, den Geist von Gedanken zu befreien. Für dieses Programm haben wir uns für die Sahaja-Yoga-Meditation entschieden, weil Forschungsergebnisse zeigen, dass die Anwendung dieser meditativen Praxis, die einmal täglich 10 Minuten dauert, die Selbstwahrnehmung verbessert.[11] Bei der Sahaja-Yoga-Meditation geht es darum zu lernen, den Geist von Gedanken zu befreien. Das heißt nicht, dass die Gedanken auf magische Weise verschwinden, sondern Sie üben, Ihre Gedanken loszulassen, d. h. Sie widmen ihnen nicht so viel von Ihrer Zeit und Energie.

Das Erlernen dieser Fähigkeit ist für Menschen im Autismus-Spektrum sehr nützlich, weil sie dazu neigen, sich viele Gedanken zu machen und zu grübeln, was anstrengend und meistens nicht hilfreich ist. Manche Menschen im Autismus-Spektrum finden Meditation sehr schwierig, sodass sie schon nach wenigen Versuchen aufgeben. Dies trifft vor allem auf drei Gruppen zu. Falls Sie die Erfahrung auch gemacht haben, finden Sie heraus, zu welcher Gruppe Sie gehören.

Erste Gruppe: Dazu gehören Menschen, die eine extreme sensorische Sensibilität haben. Wenn sie meditieren, fällt es ihnen schwer, bestimmte unangenehme Sinneserfahrungen wie das Hören bestimmter Geräusche oder andere Sinnesreize auszuhalten. Wenn Sie zu dieser Gruppe gehören, empfehlen wir Ihnen, sich darin zu üben, die Empfindungen wahrzunehmen, die schwierig oder unangenehm sind, und zu beobachten, wie Ihr Geist auf diese Empfindungen reagiert. Achten Sie auf alle Gedanken, Gefühle und Körperempfindungen. Achten Sie dann auf andere Sinneseindrücke, die auftauchen, und konzentrieren Sie sich darauf. Kehren Sie danach zu der ursprünglichen schwierigen Empfindung zurück. Wechseln Sie nun zwischen den verschiedenen Sinneserfahrungen hin und her und lassen Sie sie dann alle los. Bringen Sie dann Ihre Aufmerksamkeit in den Raum über Ihrem Kopf, wie in den Anweisungen zur Meditation am Ende beschrieben (Seite 95).

Wenn das alles zu schwierig ist, empfehlen wir, eine Psychologin oder eine Beschäftigungstherapeutin einzuschalten, die Sie bei der Bewältigung der extremen sensorischen Empfindlichkeit unterstützt. Wenn die sensorische Sensibilität Sie bei der Meditation behindert, wird sie wahrscheinlich auch Ihr Arbeitsleben beeinträchtigen, sodass es sich lohnt, Hilfe in Anspruch zu nehmen.

Zweite Gruppe: Zu dieser Gruppe gehören Menschen, die ihre Gedanken und Gefühle unterdrücken oder vermeiden, zum Beispiel mit gedankenblockierenden Aktivitäten wie ständigem Bildschirmkonsum, Alkohol und anderen Drogen sowie ständigem Schauen auf das Handy. Wenn diese Menschen innehalten, um zu meditieren, stürmen all die Gedanken und Gefühle, die sie unterdrückt, vermieden und blockiert haben, mit ungeheurer Kraft in den Geist. Der Druck der heranstürmenden Gedanken kann sich sehr verwirrend und äußerst unangenehm anfühlen. Wenn Sie zu dieser Gruppe gehören, empfehlen wir Ihnen, dranzubleiben und sich »anzuschnallen«. Üben Sie sich darin, die Gedanken wahrzunehmen, wenn sie heranrauschen, so als würden Sie eine Achterbahn vorbeifahren sehen, aber nicht einsteigen, um nicht die ganze Aufregung zu spüren. Seien Sie sicher, dass es aufhören wird. Das Geheimnis ist, sich nicht darauf einzulassen. Der Sturm besteht nur aus Gedanken und Gefühlen, und die können Ihnen nichts anhaben. Sie werden sich verlangsamen und schließlich aufhören. Probieren Sie es einfach aus. Wenn es zu verwirrend oder schwierig ist, kehren Sie immer wieder zu einem Teil Ihres Körpers zurück, der sich während der Meditation sicher und geerdet anfühlt, drücken Sie zum Beispiel die Fersen Ihrer Füße in den Boden und fühlen Sie sich mit der Erde verbunden.

Wenn das nicht funktioniert, wenden Sie sich bitte an einen Psychologen oder eine Psychologin. Sie haben eine spezielle Ausbildung, um bei der Bewältigung anhaltender verwirrender und belastender Gedanken zu helfen. Wenn Sie herausfinden, wie Sie die unterdrückten Gedanken verarbeiten können, werden Sie mehr Energie für Ihre Produktivität und Ihr Wohlbefinden haben und auch besser schlafen können.

Dritte Gruppe: Dazu gehören Menschen, die in ihrem Leben ein Trauma erlebt haben, entweder ein einzelnes Ereignis oder ein komplexes Trauma. In diesem Fall können nicht nur verdrängte Gedanken auftauchen, sondern auch unerwünschte, störende Bilder, starke Emotionen und Körperempfindungen, die mit dem vergangenen Trauma zusammenhängen. Ist das bei Ihnen der Fall, empfehlen wir Ihnen dringend, einen Psychologen oder eine Psychologin zu konsultieren, der oder die sich auf Trauma und Autismus spezialisiert hat. Leider sind traumatische Erlebnisse bei Menschen im Autismus-Spektrum keine Seltenheit, und die Symptome von traumatischem Stress verschwinden nicht von selbst. Die gute Nachricht ist, dass traumatische Stressreaktionen behandelbar sind. Eine Behandlung lohnt sich also, um die anderen Symptome zu verringern, die mit einem Trauma einhergehen und die Arbeit beeinträchtigen, einschließlich hoher physiologischer Erregung, Schlaflosigkeit, Depression, Albträume, Flashbacks, Misstrauen gegenüber anderen und dissoziative Störungen.

Bleiben Sie dran und wagen Sie Neues

Wenn Sie bereits meditieren, ermutigen wir Sie, damit weiterzumachen. Sie sind auch herzlich eingeladen, die Meditation, die wir Ihnen vorstellen, während dieses Programms auszuprobieren (Seite 94).

Die Meditation ist zwar ein wirksames, aber nicht das einzige Werkzeug für mehr Selbstbewusstsein. Menschen nutzen viele Strategien, um sich zu konzentrieren und sowohl ihren Körper als auch ihre Umgebung genau wahrzunehmen. Der Schlüssel zu einer guten Meditationspraxis ist, dass Sie die Aktivität mit der Absicht durchführen, innere und äußere Informationen gleichzeitig und fortlaufend wahrzunehmen, ohne von einer anderen Informationsquelle als der gewählten abgelenkt zu werden. Meditieren zu können ist eine Fähigkeit, die Übung erfordert.

Der erste Schritt ist, die Aufmerksamkeit zu trainieren – wir trainieren unseren Geist, uns auf die Meditation zu konzentrieren, auch wenn andere Dinge uns ablenken. Der nächste Schritt ist Akzeptanz – wir akzeptieren, dass es schwierig ist. Der letzte Schritt besteht darin, dass wir mit uns selbst im Reinen sind, während wir meditieren und Schwierigkeiten mit der Fokussierung des Geistes haben.

Andere mögliche Werkzeuge für mehr Selbstbewusstsein neben der Meditation sind: Yoga, Kampfsportarten, Achtsamkeitspraktiken, Kunst, das Erlernen eines Musikinstruments, Gartenarbeit, Aufenthalt in der Natur, Segeln und jede andere Praxis, die Ihren Körper beruhigt, Sie im Augenblick hält und so Ihrem Geist eine Pause von nicht hilfreichen Gedanken verschafft.

Häufige nicht hilfreiche Denkmuster

Professor Aaron Beck, der heute als »Vater« der kognitiven Verhaltenstherapie gilt, war der erste, der häufige Denkmuster identifizierte, die dazu führen können, dass man in starken, nicht hilfreichen Geisteszuständen »feststeckt« (1975). Wir nehmen sie in unser Programm auf, denn es gibt zahlreiche Belege dafür, dass das Erkennen und Hinterfragen unserer nicht hilfreichen oder selbstzerstörerischen Gedanken ein äußerst nützliches Instrument ist, um bei der Arbeit und zu Hause ruhig und geistig klar zu bleiben.

Je öfter wir über unsere gewohnten, wenig hilfreichen Denkmuster nachdenken und sie hinterfragen, desto schneller lernen wir, diese Denkmuster in Frage zu stellen und nicht mehr an sie zu glauben. Das Ergebnis ist, dass wir uns wohler und ruhiger fühlen, was zu einer besseren Entscheidungsfindung bei der Arbeit und im Leben allgemein führt.

Es gibt viele verschiedene Denkwerkzeuge, die Sie verwenden können, um Ihre Arbeitserfahrung und Ihr tägliches Leben zu verbessern. In Stufe 5 werden wir diese Denkwerkzeuge beschreiben und Ihnen helfen, herauszufinden, welche davon für Sie am nützlichsten sind, um geerdet, realistisch und geistig ruhig und klar zu bleiben.

Aktivitäten

Aktivität 1

Verständnis der Meditation

» Allgemeine Informationen über die Meditation finden Sie auf der Website »aok.de« unter der Rubrik »Artikel« und dem Reiter »Wohlbefinden/Meditation und Achtsamkeit«. Hier erfahren Sie zum Beispiel, wie Meditation funktioniert und welche positiven Auswirkungen die Meditation hat. Die genaue Internetadresse finden Sie in den Empfehlungen der deutschen Redaktion (Seite 151).

Aktivität 2

Meditation für Menschen im Autismus-Spektrum

» Bei der folgenden Meditation werden Sie für sich selbst Affirmationen wiederholen. Jede Affirmation gehört zur Energie der Meditation, die in jedem von uns existiert. Sollten Affirmationen ungewohnt für Sie sein, ermutigen wir Sie, sie trotzdem auszusprechen, auch wenn es die ersten Male sehr ungewohnt für Sie ist.

- Wenn möglich, ziehen Sie Ihre Schuhe aus und legen Sie Ihre Brille ab. Lockern Sie enge Kleidung, zum Beispiel einen Gürtel oder eine Krawatte.
- Setzen Sie sich bequem auf einen Stuhl oder legen Sie sich auf den Boden. Legen Sie ein Kissen unter, wenn der Boden zu hart ist.
- Legen Sie Ihre linke Hand flach auf Ihren Schoß mit der Handfläche nach oben.
- Legen Sie Ihre rechte Hand auf die linke Seite Ihres unteren Bauchs über der linken Hüfte.
- Die Affirmation lautet: »Ich bin reines Wissen.«
- Nehmen Sie ein paar Atemzüge, um Ihre Aufmerksamkeit nach innen zu lenken, und wiederholen Sie die Affirmation: »Ich bin reines Wissen.«
- Nun legen Sie Ihre rechte Hand auf die linke Seite Ihres oberen Bauchs, direkt über die Rippen.
- Die Affirmation lautet: »Ich bin mein eigener Chef.«
- Pressen Sie die Hand an dieser Stelle etwas fester auf den Bauch und wiederholen Sie die Affirmation: »Ich bin mein eigener Chef.«
- Legen Sie Ihre rechte Hand auf das Herz, ein bisschen nach links.
- Die Affirmation lautet: »Ich bin reine Aufmerksamkeit.«
- Nehmen Sie ein paar entspannte Atemzüge und wiederholen Sie: »Ich bin reine Aufmerksamkeit.«
- Legen Sie Ihre rechte Hand auf die linke Schulter, dort wo der Nacken beginnt. Drehen Sie Ihren Kopf ein bisschen nach rechts.
- Die Affirmation lautet: »Ich bin nicht schuld.«
- Wiederholen Sie die Affirmation so oft, wie Sie sie brauchen. Sagen Sie sie ernsthaft, damit Sie sie auch wirklich glauben. Unser Geist kann nicht schuld sein. Ohne an eine bestimmte Situation zu denken, lassen Sie alle Gedanken, dass Sie schuld sein könnten, los.
- Wiederholen Sie: »Ich bin nicht schuld.«
- Legen Sie nun Ihre rechte Hand flach auf die Stirn. Lehnen Sie dabei Ihren Kopf nach vorn in Ihre Hand.
- Die Affirmation lautet: »Ich vergebe allen und ich vergebe mir selbst.«

- Sagen Sie das aus vollem Herzen, ohne an ein bestimmtes Erlebnis oder eine Person zu denken. Spüren Sie die Erleichterung der Vergebung.
- Wiederholen Sie: »Ich vergebe allen und ich vergebe mir selbst.«
- Legen Sie Ihre rechte Hand an Ihren Hinterkopf auf Höhe der Augen. Lehen Sie Ihren Kopf ein bisschen zurück in Ihre Hand.
- Die Affirmation lautet: »Bitte vergib mir meine Fehler, die ich wissentlich und unwissentlich gemacht habe.«
- Denken Sie nicht an eine bestimmte Situation. Entspannen Sie sich und wiederholen Sie: »Bitte vergib mir meine Fehler, die ich wissentlich und unwissentlich gemacht habe.«
- Legen Sie Ihre rechte Hand auf Ihren Scheitel. Reiben Sie mit der Hand im Uhrzeigersinn leicht über Ihren Kopf.
- Die Affirmation lautet: »Bitte gib mir die Erfahrung von mentaler Stille.«
- Heben Sie die rechte Hand langsam etwa zehn Zentimeter über Ihren Kopf.
- Erlauben Sie Ihrer Aufmerksamkeit, der Hand zu folgen. Möglicherweise spüren Sie dabei Kühle oder Wärme. Es kann für Sie hilfreich sein, sich an diese Erfahrung zu erinnern, wenn Sie es möchten.
- Wiederholen Sie die Affirmation: »Bitte gib mir die Erfahrung von mentaler Stille.«
- Legen Sie Ihre rechte Hand in den Schoß, sodass beide Hände dort liegen, die Handflächen nach oben, die Finger ein wenig gestreckt.
- Richten Sie Ihre Aufmerksamkeit auf oder über Ihren Kopf. Sitzen Sie ruhig mit geschlossenen Augen. Genießen Sie den Frieden.
- Wir kommen nun zum Ende der Meditation. Danke, dass Sie mitgemacht haben, und danken Sie sich auch selbst, dass Sie sich die Zeit genommen haben.

Beschreiben Sie Ihrer Mentorin oder Ihrem Mentor Ihre Reaktionen auf die Meditation und beantworten Sie dabei Fragen wie:
- Was haben Sie erlebt?
- Fanden Sie die Übung entspannend?
- Haben Sie Momente der Gedankenlosigkeit oder des gedankenlosen Bewusstseins erlebt?
- Haben Sie diese Übung als stressig empfunden?

Die meisten Menschen, die meditieren, können zumindest für einige Augenblicke Gedankenlosigkeit erreichen; manche Menschen brauchen jedoch mehr als zwei bis drei Sitzungen, um diesen Zustand zu erreichen. Es gibt keine richtige oder falsche Reaktion.

Halten Sie hier Ihre ersten Gedanken zur Meditation fest:

Wir ermutigen Sie, jeden Tag 10 Minuten lang zu meditieren. Neben den vielen Vorteilen für die körperliche und geistige Gesundheit werden Sie auch das Bewusstsein für sich selbst und andere stärken. Das führt dazu, dass Sie die Herausforderungen und Probleme an Ihrem Arbeitsplatz besser bewältigen können.

Persönliche Erkenntnisse aus Stufe 4

Zu den Werkzeugen für mehr Selbstbewusstsein, die ich derzeit verwende oder zu verwenden beginne, gehören:

1. ____________________

2. ____________________

3. ____________________

Hindernisse beim Meditieren:

1. ____________________

2. ____________________

3. ____________________

Strategien, die mir helfen, eine tägliche Meditationspraxis zu entwickeln:

1. ____________________

2. ____________________

3. ____________________

Mein Unterstützungsteam kann mir auf folgende Weise helfen:

1. ____________________

2. ____________________

3. ____________________

Herzlichen Glückwunsch, Sie haben Stufe 4 geschafft!

Stufe 5

Werkzeuge gegen nicht hilfreiche Denkmuster

In dieser Stufe wollen wir Ihre nicht hilfreichen Denkmuster erkennen und hinterfragen. Auch wenn wir manche Situationen nicht ändern können, haben wir doch eine gewisse Kontrolle darüber, wie wir uns dann fühlen und wie wir auf sie reagieren. Durch unsere Gedanken und Handlungen können wir unsere Gefühle von Angst, Stress und/oder Depression beheben. Mit anderen Worten: Die Art und Weise, wie wir über eine Situation denken, bestimmt zu einem großen Teil, wie wir uns in dieser Situation fühlen. Wenn wir uns unserer Denkmuster bewusst sind, haben wir also eine Wahl.

Wenn wir müde, ängstlich, wütend, gestresst oder deprimiert sind, neigen wir automatisch dazu, pessimistisch zu sein. Unsere Gedanken können uns also tatsächlich ängstlich und gestresst sein lassen, wenn wir das zulassen. Der Trick besteht darin, dieses Denkmuster zu erkennen und nicht dem ersten pessimistischen Gedanken zu glauben.

Aufgrund unserer umfangreichen klinischen Erfahrung mit Erwachsenen im Autismus-Spektrum möchten wir betonen, wie wichtig die Selbstwahrnehmung ist, um nicht hilfreiche Denkmuster zu erkennen und zu unterbrechen. Ohne Selbstwahrnehmung laufen nicht hilfreiche Denkmuster ganz automatisch ab, und der daraus resultierende Ansturm negativer Emotionen kann sehr schwer zu bewältigen sein.

Aktivitäten

Aktivität 1

Verstehen der Verbindung zwischen Denken und Fühlen

» Stellen Sie sich diese Situation vor: Sie warten in der Cafeteria Ihres Betriebs auf Ihren neuen Arbeitskollegen, um gemeinsam zu Mittag zu essen. Sie sind um 12.30 Uhr verabredet. Es ist jetzt 13 Uhr und von dem Arbeitskollegen ist nichts zu sehen.

Person A denkt sich: »Was habe ich beim letzten Mal, als ich mit ihm gesprochen habe, falsch gemacht? Er war einverstanden, mit mir zu Mittag zu essen, aber jetzt ist er nicht aufgetaucht. Ich bin mir sicher, dass er mich nicht mehr mag. Es ist wieder genauso, wie all die anderen Male, als ich versucht habe, einen Freund zu finden. Ich werde nie einen Freund finden. Es ist hoffnungslos, die anderen finden mich unsympathisch. Irgendetwas stimmt einfach nicht mit mir.«

Wie fühlt sich Person A?

____

____

____

Was glauben Sie, warum er oder sie so denkt?

____

____

____

Was ist der Beweis für die Gedanken »Es ist hoffnungslos« und »Andere finden mich unsympathisch«?

____

Person B befindet sich in der gleichen Situation und denkt: »Vielleicht ist der Kollege aufgehalten worden. Er scheint eine zuverlässige Person zu sein. Es ist ungewöhnlich für ihn, 30 Minuten zu spät zu einem Termin zu kommen. Vielleicht hatte er einen schwierigen Kunden oder der Chef brauchte ihn. Ich werde ihm später eine Nachricht schicken und fragen, ob alles in Ordnung ist.«

Wie fühlt sich Person B?

Was glauben Sie, warum er oder sie so denkt?

Was ist der Unterschied zwischen dem Denkstil von Person B und dem von Person A?

Neigen Sie dazu, wie Person A zu denken? Wenn ja, auf welche Weise?

Wie könnte es Ihnen gelingen, mehr wie Person B denken?

Beschreiben Sie eine Arbeits- oder Lebenssituation, die Sie in den letzten Wochen erlebt haben, in der Ihr Denken wenig hilfreich und selbstkritisch war, wie das Denken von Person A.

Situation:

Meine Überlegungen zu dieser Situation:

Aktivität 2

Stellen Sie Ihre Gedanken in Frage

» Fragen Sie sich selbst: Was war der Beweis für die Bestätigung der Gedanken, die Sie gerade beschrieben haben?

____

____

____

____

____

Was könnten alternative objektive, realistische oder positivere Gedanken in der von Ihnen beschriebenen Situation sein?

Denken Sie daran, dass es oft eine objektive und positive Seite gibt, die wir zunächst übersehen können. Wir können denken: »Ich werde mich davon nicht unterkriegen lassen, ich werde mir selbst die Erlaubnis und Ermutigung geben, meinen Geist für andere Denkweisen zu öffnen.«

Ihre alternativen objektiven und realistischen Gedanken:

____

____

____

____

____

____

Ihre eher positiven und/oder optimistischen Gedanken:

____

____

____

____

____

____

____

____

Aktivität 3

Erkennen von nicht hilfreichen Denkmustern

» Im Folgenden finden Sie eine Liste der von Professor Aaron Beck identifizierten Denkmuster, die mit starken Emotionen wie Angst, Wut, Depression und großem Stress verbunden sind:

Schwarz-Weiß-Denken:
Sie denken, dass die Dinge immer in die eine oder andere Richtung gehen, zum Beispiel »Ich mache nie etwas richtig«, »Es wird nie funktionieren«, »Ich werde immer arbeitslos sein«.

Übertriebene Verallgemeinerung:
Nur weil eine Sache schief geht, denken Sie, dass alles schief gehen wird, zum Beispiel: »Ich habe gerade einen Fehler bei der Arbeit gemacht. Ich wette, ich verliere meinen Job.«

Abergläubische Gedanken:
Sie glauben, dass Sie einen schlechten Tag haben werden oder dass etwas Schlimmes passieren wird, weil etwas völlig anderes geschehen ist – eine abergläubische Reaktion. Zum Beispiel: »Ich hatte heute Morgen Probleme, meinen Sicherheitsgurt anzulegen; das bedeutet, dass ich einen schlechten Tag haben und mit allem Schwierigkeiten haben werde.«

Mentaler Filter:
Sie konzentrieren sich auf ein oder zwei Details und übersehen das große Ganze. Ein Beispiel: Ihr Vorgesetzter ist mit der Arbeit, die Sie ihm für ein Projekt gezeigt haben, zufrieden. Aber Sie geraten in Streit, weil er einem oder zwei Details keine Priorität einräumt. Er scheint das nicht so wichtig zu finden, aber für Sie ist das Projekt erst dann richtig fertig, wenn Sie sich um diese Details gekümmert haben.

Abwertung von Positivem:
Wenn etwas Gutes passiert, tun Sie es als irrelevant oder einmalig ab und wollen es nie wiederholen. Ein Beispiel: »Mein Chef hat es nicht wirklich ernst gemeint, als er sagte, es sei heute gut gelaufen; er war einfach nur nett.«

Voreilige Schlussfolgerungen:
Sie glauben zu wissen, was jemand denkt oder fühlt und was in Zukunft passieren wird, obwohl Sie weder die Gedanken eines anderen Menschen lesen noch in die Zukunft schauen können. Beispiel für das Gedankenlesen: »Keiner meiner Arbeitskollegen mag mich, das spüre ich einfach.« Beispiel für Vorhersagen: »Ich werde diese Stelle antreten, aber ich weiß, dass ich sie verlieren werde.«

Vergrößerung und Verkleinerung:
Sie vergrößern die Probleme, sodass Sie nur noch diese sehen, und verkleinern das Positive. Diese Verzerrung nennt man auch Katastrophisieren, sie kann ein Merkmal von Autismus sein.

Emotionale Argumentation:
Sie denken, weil Sie etwas fühlen, muss es wahr sein.

»Sollte-Aussagen«:
Ihre Gedanken spiegeln starre Regeln darüber wider, wie Sie oder andere sich verhalten »sollten«. Zwei Beispiele: »Ich hätte es besser wissen müssen« oder »Ich hätte die Signale lesen müssen.«

Etikettierung und falsche Etikettierung:
Sie verlassen sich darauf, sich selbst, andere oder Ereignisse zu benennen. Dadurch verpassen Sie ein tieferes oder genaueres Verständnis von sich selbst, anderen oder Ereignissen, zum Beispiel: »Ich bin ein Verlierer«, »Ich bin immer das Opfer« oder »Das war eine Katastrophe«.

Personalisierung:
Sie denken: »Es war alles meine Schuld«, auch wenn Sie gar nicht die Kontrolle über alles hatten, was passiert ist.

Kreuzen Sie in der nachstehenden Tabelle die Denkmuster an, die Sie bei sich selbst häufig feststellen:

Erkennen von nicht hilfreichen Denkmustern

Erkennen Sie eines dieser Denkmuster bei sich selbst?	**Zutreffendes ankreuzen**
Schwarz-Weiß-Denken	☐
Übertriebene Verallgemeinerung	☐
Abergläubische Gedanken	☐
Mentaler Filter	☐
Abwertung von Positivem	☐
Voreilige Schlussfolgerungen	☐
Vergrößerung und Verkleinerung	☐
Emotionale Argumentation	☐
»Sollte-Aussagen«	☐
Kennzeichnung und falsche Kennzeichnung	☐
Personalisierung	☐

Sprechen Sie mit Ihrem Mentor oder Ihrer Mentorin über Arbeits- oder Lebenssituationen, die derzeit ein Problem verursachen oder in der Vergangenheit verursacht haben. Identifizieren Sie gemeinsam alle nicht hilfreichen Denkmuster, die zum Fortbestehen des Problems beigetragen haben und Ihr Wohlbefinden beeinträchtigen. Versuchen Sie, Strategien gegen diese Denkmuster zu finden.
Die wichtigsten Punkte aus Ihrer Diskussion:

____

____

____

____

Aktivität 4

Hinterfragen von nicht hilfreichen Denkmustern

» Im Folgenden stellen wir Ihnen erneut gängige, wenig hilfreiche Denkmuster vor, diesmal jedoch mit Anregungen, um Situationen realistischer statt emotional zu bewerten. Bitte widerstehen Sie dem Drang, hart mit sich selbst ins Gericht zu gehen, wenn Sie feststellen, dass Sie diese Denkmuster verwenden. Wir alle verwenden sie, wenn wir müde, gestresst und emotional sind. Probleme können auftreten, wenn diese Muster zur Gewohnheit werden. Wir wissen, dass viele Erwachsene mit Autismus-Spektrum-Störungen dazu neigen, schwarz-weiß zu denken und/oder einen mentalen Filter zu verwenden, der das Positive ausschließt. Sie nehmen Dinge auch in höherem Maße persönlich als neurotypische Menschen. Die Gewohnheit, in diese Denkmuster zu verfallen, kann zu größeren Problemen bei der Arbeit führen.

Schwarz-Weiß-Denken:
Die Dinge sind selten nur schwarz oder weiß. Können Sie die Grautöne in der Situation sehen? Setzen Sie anstelle von »immer« das Wort »manchmal« ein. Suchen Sie nach der Ausnahme in dem, was Sie denken, zum Beispiel bei dem Satz: »Es hat keinen Sinn, es zu versuchen; ich scheitere immer.« Denken Sie realistisch: »Ich kann aus meinen Fehlern lernen. Ich kann um Hilfe bitten. Wenn ich um Hilfe bitte, werden die Kollegen und Kolleginnen denken, dass ich versuche, das Problem konstruktiv zu lösen und dass ich ein freundlicher und intelligenter Mensch bin. Es gibt viele Möglichkeiten, das Problem zu lösen. Wenn ich es weiter versuche, werde ich wahrscheinlich bald Erfolg haben.«

Übertriebene Verallgemeinerung:
Kehren Sie zu den Einzelheiten zurück. Denken Sie nur an diesen Moment, diese Zeit, diese Situation. Ein Beispiel: »Die Kollegin hat nicht zurückgerufen, obwohl sie es versprochen hatte. Ich werde es nie schaffen, eine gute Freundin zu finden.« Denken Sie realistisch: »Die Kollegin hat vielleicht vergessen, dass sie anrufen wollte, weil sie im Moment sehr beschäftigt ist. Der Akku ihres Mobiltelefons könnte leer sein. Und wenn diese Kollegin nicht mit mir befreundet sein will, gibt es viele andere Menschen auf der Welt. Ich werde andere finden, die gute Freunde werden können.«

Abergläubische Gedanken:
Erinnern Sie sich daran, dass die Konzepte, die Sie miteinander verbinden, in keinem Zusammenhang stehen. Nur weil eine Sache passiert ist, bedeutet das nicht, dass

eine andere Sache passieren wird. Prüfen Sie, ob Sie eine fehlerhafte Logik erstellen. Beispiel: »Wenn ich das Besteck perfekt in die Besteckschublade einräume, wird der Tag gut verlaufen.« Denken Sie realistisch: »Es macht mir Spaß, das gesamte Besteck in die Besteckschublade einzusortieren. Der heutige Tag wird gut verlaufen, wenn ich mich auf das konzentriere, was im Moment passiert, und versuche, eine positive Einstellung zu bewahren. Das Anordnen des Bestecks hat keinen Einfluss auf die tatsächlichen Ereignisse, die ich erlebe, aber es könnte beeinflussen, wie ich die Ereignisse des Tages wahrnehme.

Mentaler Filter:
Betrachten Sie die Gesamtsituation oder konzentrieren Sie sich nur auf ein paar Details? Menschen im Autismus-Spektrum neigen dazu, sich zu sehr auf Details und insbesondere auf Fehler zu konzentrieren. Gehen Sie gedanklich mindestens einen Schritt zurück und überdenken Sie die Situation noch einmal. Versuchen Sie zu erkennen, was Sie übersehen und was das »große Ganze«, die Gesamtwirkung ist. Bitten Sie eine andere Person um ihre Sichtweise, wenn Sie sie nicht sehen können. Es gibt immer mehrere Informationen und viel mehr Perspektiven als nur die eine. Beispiel: »Heute hat alles, was ich getan habe, die Situation verschlimmert.« Denken Sie realistisch: »Heute habe ich einige Dinge gut gemacht und mir sind einige Fehler unterlaufen. Das liegt daran, dass ich ein Mensch bin. Fehler zu machen ist hilfreich, denn ich kann aus dem Geschehenen lernen. Ich werde die Geschehnisse mit meinem Mentor oder meiner Mentorin besprechen und aus dem, was heute passiert ist, lernen. Mit vielem, was ich heute gemacht habe, bin ich zufrieden. Die Fehler waren nur ein Teil des Tages.«

Abwertung von Positivem:
Die guten Dinge, die sich ereignen, sind genauso wichtig und bedeutsam wie die schlechten. Fangen Sie an, darauf zu vertrauen, dass Ihnen sowohl gute als auch schlechte Dinge widerfahren werden. Beispiel: »Mir passieren immer nur schlechte Dinge. Wenn andere etwas Nettes zu mir sagen, tun sie das aus Mitleid. Das beste Ereignis meines Tages geschah durch Glück, also hat es keine Bedeutung.« Denken Sie realistisch: »Mir passieren sowohl gute als auch schlechte Dinge. Ich werde versuchen, auf die guten Dinge, die passieren, zu achten. Ich werde diese Dinge verstärken und in mein Leben aufnehmen. Ich werde die Ereignisse ins rechte Licht rücken und ins Gleichgewicht bringen.«

Voreilige Schlussfolgerungen:
Keiner kennt die Zukunft. Wir können keine Gedanken lesen. Akzeptieren Sie, dass es im Leben Ungewissheit gibt und Sie nicht wissen können, was vor Ihnen liegt. Das

kann eine gute Sache sein. Beispiel: »Diese Freundschaft wird böse enden, das tun meine Freundschaften immer.« Denken Sie realistisch: »Ich kann die Zukunft nicht vorhersagen. Wenn ich mich auf das Geschehen einlasse und eine positive Einstellung behalte, kann ich die Chance erhöhen, dass die Dinge in dieser Freundschaft gut laufen. Ich kann aus dieser Erfahrung für zukünftige Freundschaften und Beziehungen lernen.«

Vergrößerung und Verkleinerung:
Packen Sie den Spiegel aus, nicht das Vergrößerungsglas oder das umgedrehte Fernglas. Betrachten Sie die Situation oder sich selbst realistisch, anstatt sich nur auf das zu konzentrieren, was falsch ist. Beispiel: »Ich bin ein Versager.« Denken Sie realistisch: »Ich habe heute einen Fehler gemacht, aber ich kann aus meinem Fehler lernen und die Sache beim nächsten Mal richtig machen. Aus Fehlern zu lernen, macht mich klüger.«

Emotionale Argumentation:
Das Gefühl oder der Gedanke, dass etwas wahr ist, macht es nicht automatisch wahr. Beispiel: »Ich werde immer traurig sein.« Denken Sie realistisch: »Nur weil ich das starke Gefühl habe, dass ich immer traurig sein werde, heißt das nicht, dass es wahr ist. Ich kann Schritte unternehmen, wie die in diesem Programm, um meine Traurigkeit zu überwinden und wieder Freude und Glück zu empfinden und es zu genießen, ich selbst zu sein.«

»Sollte-Aussagen«
bedeuten, hohe persönliche Erwartungen zu haben und nach Perfektion zu streben. Beispiel: »Ich sollte perfekt sein und bei der Arbeit nie einen Fehler machen.« Denken Sie realistisch: »Keiner ist perfekt und jeder macht Fehler. Ich mache nicht gerne Fehler, aber sie sind unvermeidlich. Ich werde versuchen, ruhig zu bleiben, damit ich aus diesem Fehler lernen kann.«

Kennzeichnung und falsche Kennzeichnung:
Keine Person oder Situation kann ausschließlich durch ein Etikett definiert werden. Wenn Sie so denken, wird Ihr Verständnis einer Situation und Ihre Fähigkeit, in Ihrer Wahrnehmung und Reaktion flexibel zu sein, ernsthaft eingeschränkt. Beispiel: »Ich bin dumm.« Denken Sie realistisch: »Dumm ist ein negatives Etikett, mit dem ich mich nur schlecht fühle. Wir alle können Dinge tun und sagen, die manchmal dumm erscheinen, aber das bedeutet nicht, dass wir dumm sind.«

Personalisierung:
Treten Sie einen Schritt zurück und betrachten Sie die Situation objektiv. Überlegen Sie, welche Teile der Situation Sie unter Kontrolle hatten oder für sie verantwortlich waren und welche nicht. Denken Sie daran, dass Sie niemals das Verhalten oder die Reaktion eines anderen kontrollieren können, aber Sie können Ihre eigene Reaktion kontrollieren. Beispiel: »Ich habe die Stelle nicht bekommen, weil ich ein Versager bin.« Denken Sie realistisch: »Ich weiß nicht, warum ich die Stelle nicht bekommen habe. Es könnte mehrere Gründe geben. Vielleicht gab es viele Bewerber, und der beste Bewerber hatte mehr Erfahrung als ich. Vielleicht bin ich beim Vorstellungsgespräch nicht gut rübergekommen. Ich kann lernen, mich auf künftige Vorstellungsgespräche gut vorzubereiten, damit es beim nächsten Mal klappt. Ich werde mich davon nicht unterkriegen lassen.«

Besprechen Sie mit Ihrer Mentorin oder Ihrem Mentor realistische Gedanken, die Ihre Neigung zu nicht hilfreichen Denkmustern verringern können.

Die wichtigsten Punkte der Diskussion:

____

____

____

____

____

____

____

Aktivität 5:

Andere Denkwerkzeuge in Betracht ziehen

» Aufgrund unserer umfangreichen Erfahrung bei der Unterstützung von Erwachsenen mit Autismus-Spektrum-Störungen empfehlen wir weitere Denkwerkzeuge, die Ihnen am Arbeitsplatz helfen können, zum Beispiel:

- Machen Sie sich selbst ein Kompliment über Ihre Arbeitsfähigkeiten. Das kann eine negative und kritische Selbstwahrnehmung verändern.
- Stellen Sie sich vor, was Ihr Vorbild in dieser Situation tun würde, zum Beispiel mutig und ruhig sein und seinen Intellekt nutzen, um eine Lösung zu finden.
- Legen Sie ein Genusstagebuch an, in dem Sie alle Freuden, die Sie erleben, in Text und Fotos festhalten, von Ereignissen und Erfolgen bis hin zu Familienmitgliedern und Haustieren. Sie können das Genusstagebuch auf Ihrem Mobiltelefon führen und es als Mittel gegen negative Gedanken betrachten.

Diskutieren Sie mit Ihrer Mentorin oder Ihrem Mentor, wie Sie Denkwerkzeuge bei der Arbeit und zu Hause einsetzen können, um realistischere und optimistischere Gedanken zu entwickeln und Ihre Arbeitsleistung und Freude an der Arbeit zu steigern.

Die wichtigsten Punkte der Diskussion:

Persönliche Erkenntnisse aus Stufe 5

Ich erkenne, dass ich manchmal zu den folgenden wenig hilfreichen Denkmustern neige:

1. ______________________________

2. ______________________________

3. ______________________________

4. ______________________________

5. ______________________________

Alternative hilfreiche Denkmuster, die ich gern zur Gewohnheit machen würde, sind:

1. ______________________________

2. ______________________________

3. ______________________________

4. ______________________________

5. ______________________________

Mein Unterstützungsteam kann mir auf folgende Weise helfen:

1. ______________________________

2. ______________________________

3. ______________________________

4. ______________________________

5. ______________________________

Herzlichen Glückwunsch, Sie haben Stufe 5 geschafft!

Stufe 6

Organisatorische Werkzeuge

Erwachsene mit Autismus-Spektrum-Störungen haben ein ungewöhnliches Profil kognitiver (Denk- und Lern-) Fähigkeiten. Sie können zu einer erfolgreichen Beschäftigung beitragen, aber auch erheblichen Stress am Arbeitsplatz verursachen. Zu diesem Profil kann die Begabung gehören, die logische und physische Welt zu verstehen, Details zu bemerken und zu analysieren sowie sich Informationen zu merken und systematisch zu ordnen. Es kann jedoch auch die Neigung bestehen, sich leicht ablenken zu lassen, insbesondere durch Details, und perfektionistisch zu sein.

Beim Lösen von Problemen scheinen Menschen mit Autismus-Spektrum-Störungen oft »einspurig« zu denken und haben daher erhebliche Schwierigkeiten, die Spur zu wechseln, während sie einen Gedankengang verfolgen. Es kann auch Probleme mit organisatorischen Fähigkeiten geben, wie zum Beispiel zu bestimmen, was für eine Aufgabe benötigt wird, zu planen, was in welcher Reihenfolge zu tun ist, sowie mit dem Zeitmanagement, insbesondere bei der Bestimmung, wie lange es dauert, eine Aktivität zu beenden. All diese Merkmale der kognitiven Fähigkeiten werden von Psychologen als »beeinträchtigte Exekutivfunktion« bezeichnet und umfassen zum Beispiel:

- Hemmungen und Impulskontrolle
- Arbeitsgedächtnis
- organisatorische und planerische Fähigkeiten
- alternative Problemlösungsstrategien
- Selbstreflexion und Selbstkontrolle
- Zeitmanagement und Prioritätensetzung
- neue Strategien einbeziehen
- Hemmung einer ersten Reaktion

Zu den Beeinträchtigungen der Exekutivfunktion gehören Schwierigkeiten bei der Hemmung einer Reaktion (Impulsivität), beim Arbeits- oder Kurzzeitgedächtnis und bei der Anwendung alternativer Strategien. Eine Person im Autismus-Spektrum kann in der Lage sein, sorgfältig zu überlegen, bevor sie antwortet. Aber unter Stressbedingungen, insbesondere wenn sie sich überfordert oder verwirrt fühlt, kann sie impulsiv sein. Es ist wichtig, sich zu entspannen und andere Möglichkeiten in Betracht zu ziehen, bevor man reagiert, sowie zu erkennen, dass eigenes impulsives Verhalten ein Zeichen von Verwirrung und Stress sein kann.

Das Arbeitsgedächtnis ist die Fähigkeit, Informationen im Gedächtnis zu behalten, wenn es darum geht, eine Aufgabe zu erledigen oder ein Problem zu lösen. Eine Person mit Autismus-Spektrum-Störungen kann ein außergewöhnliches Langzeitgedächtnis für Fakten und Informationen haben, aber auch Schwierigkeiten mit dem mentalen Abruf von kürzlich präsentierten Informationen und der Verarbeitung von Informationen, die für eine Aufgabe relevant sind. Das zeigt sich eher beim auditiven Gedächtnis, zum Beispiel beim Abrufen von gesprochenen Anweisungen und Gesprächen, und weniger beim visuellen Gedächtnis mit der Fähigkeit, leicht ein mentales Foto oder Video zu erstellen. Eine Person im Autismus-Spektrum hat möglicherweise eine geringere Kapazität des auditiven Arbeitsgedächtnisses als ihre Arbeitskollegen und -kolleginnen, die eine »Eimer«-Kapazität haben, um sich an relevante gesprochene Informationen zu erinnern und diese anzuwenden. Eine Person mit Autismus-Spektrum-Störungen hat dagegen eine »Tasse«-Kapazität, die sich auf die Menge der Informationen auswirkt, die sie aus ihrem Gedächtnis gut abrufen kann. Ein weiteres Problem mit dem Arbeitsgedächtnis ist die Neigung, einen Gedanken schnell zu vergessen. Einer der Gründe, warum Menschen mit Autismus-Spektrum-Störungen dafür berüchtigt sind, andere zu unterbrechen, wurde von einem Autisten so erklärt: »Ich muss sagen, was mir gerade durch den Kopf geht, weil ich sonst vergesse, was ich sagen wollte.«

Ein weiteres Merkmal einer gestörten Exekutivfunktion ist die Schwierigkeit, die Aufmerksamkeit von einer Aufgabe auf eine andere zu lenken. Eine Person mit Autismus-Spektrum-Störungen hat in der Regel erhebliche Probleme, ihre Gedanken auf eine neue Aktivität zu lenken, solange die aktuelle Aktivität nicht erfolgreich beendet wurde. Neurotypische Menschen scheinen in der Lage zu sein, einen Gedanken oder eine Aktivität zu unterbrechen und problemlos zu einer anderen Aktivität überzugehen. In einer Arbeitssituation kann es einer Person im Autismus-Spektrum schwerfallen, die Tätigkeit zu wechseln, bevor sie die angefangene Tätigkeit abgeschlossen hat. Denn sie weiß, dass ihr Denken Übergänge ohne Abschluss nicht so leicht bewältigen kann. Eine Vorgesetzte muss unter Umständen mehrfach verbal ankündigen, wenn eine Tätigkeit gewechselt wird, und der Person im Autismus-Spektrum möglicherweise zusätzliche Zeit für die Erledigung der Aufgabe einräumen, wenn sie Qualität der Schnelligkeit vorzieht.

Eine Beeinträchtigung der exekutiven Funktion kann die Schwierigkeit beinhalten, alternative Problemlösungsstrategien in Betracht zu ziehen, was wir anhand der folgenden Metapher zeigen: Ein Zug steht auf dem Gleis. Ist es das richtige Gleis, wird die Person schnell am Ziel ankommen, der Lösung des Problems. Leider merken Menschen im Autismus-Spektrum oft nicht, dass sie auf dem falschen Gleis stehen, oder sie erkennen nicht, dass es vielleicht noch andere Gleise zum Ziel gibt. Daher kann es ein Problem mit dem flexiblen Denken geben, einem der Merkmale der gestörten Exekutivfunktion. Neurotypische Erwachsene können schnell auf Rückmeldungen reagieren und sind bereit, Strategien oder die Richtung zu ändern. Ihr Denkfahrzeug ist kein Zug, sondern ein Fahrzeug mit Vierradantrieb, das leicht die Richtung ändert und auch abseits der Straße fahren kann.

Selbstreflexion und Selbstkontrolle können bei Menschen im Autismus-Spektrum Probleme verursachen. Neurotypische Erwachsene sind in der Lage, ein »mentales Gespräch« zu führen, um ein Problem zu lösen. Der interne Denkprozess kann einen Dialog oder ein Gespräch beinhalten, in dem die Vorzüge verschiedener Optionen und Lösungen diskutiert werden. Dieser Prozess ist im Denken einer Person mit Autismus-Spektrum-Störungen möglicherweise nicht so effizient. Viele Autisten denken in Bildern und nutzen weniger wahrscheinlich eine innere Stimme oder ein Gespräch, um das Problem zu lösen.

Eine Person im Autismus-Spektrum zieht es möglicherweise vor, ihre eigene idiosynkratische Herangehensweise an die Problemlösung zu verwenden, die wir als das »Frank-Sinatra-Syndrom« oder »My Way« beschreiben. Autistische Erwachsene können berühmt (oder sogar berüchtigt) dafür sein, dass sie »Bilderstürmer« sind und gängige Überzeugungen und Konventionen ablehnen. Sie halten sich nicht an die Empfehlungen ihrer Vorgesetzten, an die Verfahren im Unternehmen oder an die Ansätze ihrer Kollegen und Kolleginnen. Dies kann den potenziellen Vorteil haben, dass sie eine originelle Antwort geben, die von anderen Mitarbeitenden nicht in Betracht gezogen wird, aber leider kann der »My Way«-Ansatz dazu führen, dass Vorgesetzte verzweifelt versuchen, die Person zur Anwendung konventioneller Verfahren oder Strategien zu ermutigen. Hinzu kommt, dass kreative Erwachsene mit Autismus-Spektrum-Störungen, wie zum Beispiel Komponisten, Ingenieure und Architekten, oft nicht mit einer Abweichung von ihrem ursprünglichen Entwurf zurechtkommen. Auch die Angst, einen Fehler zu machen, kann eine Rolle spielen – die emotionale Reaktion auf einen Fehler kann sehr stark sein und das Durchhaltevermögen beeinträchtigen.

Wir wissen, dass Erwachsene im Autismus-Spektrum dazu neigen, sich auf die Details eines Problems zu konzentrieren. Ein detaillierter Fokus kann von anderen übersehene Aspekte identifizieren – ein geschätztes Talent. Der Nachteil ist, dass diese Menschen auf relativ unbedeutende Probleme emotional reagieren. Sie sind oft Perfektionisten mit hohen, selbst auferlegten Leistungsstandards und neigen dazu, ein Projekt schnell aufzugeben, wenn der anfängliche Erfolg ausbleibt. Aber es ist auch wichtig, den Papierkram und das Verfassen von Berichten im Griff zu behalten und die vorgesehenen Fristen einzuhalten.

Heute wissen wir, dass bedeutende Fortschritte in Industrie, Wissenschaft und Kunst Menschen zu verdanken sind, die anders dachten und viele der mit Autismus verbundenen kognitiven Merkmale besaßen. Neurotypische Menschen haben eine soziale oder sprachliche Denkweise, aber es kann von Vorteil sein, eine andere Wahrnehmung und ein anderes Profil von kognitiven Fähigkeiten zu haben, die zu geschätzten Talenten führen können. Eine Frau mit Autismus-Spektrum-Störung und mit beträchtlichen intellektuellen Fähigkeiten sagte einmal zu Tony Attwood: »Sprache ist ein Käfig für das Denken.« Viele Fortschritte in Wissenschaft und Kunst wurden durch alternative Konzepte erzielt, die nicht auf sprachlichem Denken basierten.

Aktivitäten

Aktivität 1

Ausfüllen des Fragebogens zu Denk- und Lerntalenten

» Erwachsene mit Autismus-Spektrum-Störungen haben ein ungewöhnliches Profil kognitiver (Denk- und Lern-) Fähigkeiten, die zu beträchtlichem Erfolg am Arbeitsplatz führen können. Zu diesem kognitiven Profil kann es gehören, dass sie in einigen Bereichen begabt sind, zum Beispiel, sich Fakten und Informationen zu merken, Probleme zu erkennen oder originelle Problemlösungen zu finden.

Dieser Fragebogen zielt darauf ab, Ihre kognitiven Fähigkeiten oder Talente zu entdecken. Füllen Sie dazu die folgenden Tabellen aus.

Besondere Fähigkeiten im Denken und Lernen

Besondere kognitive Fähigkeiten	Zutreffendes ankreuzen
Langzeitgedächtnis für Fakten und Informationen	☐
Experte auf einem Gebiet von besonderem Interesse	☐
Originalität bei Problemlösungen	☐
Erfindungsreichtum	☐
Denken in Bildern	☐
visuelles Gedächtnis	☐
Handwerken, z. B. Holzarbeiten	☐
Dinge reparieren	☐
Betreiben einer bestimmten Sportart, z. B.	☐
Spielen von Computerspielen, z. B.	☐

Besondere kognitive Fähigkeiten	Zutreffendes ankreuzen
künstlerische Begabung, z. B.	☐
Spielen eines Instruments, z. B.	☐
Singen	☐
Zeichnen	☐
kreatives Schreiben	☐
Fotografieren	☐
direkt sein und schnell auf den Punkt kommen	☐
einseitiger Fokus	☐
Liebe zum Detail	☐
Hartnäckigkeit	☐
Erkennen von Mustern und Fehlern	☐
Entschlossenheit	☐
Faszination für Symmetrie und Ordnung	☐
hohe intellektuelle Fähigkeiten	☐
hohe Toleranz gegenüber sich wiederholenden Aufgaben	☐
Mustererkennung	☐
Logik und analytische Fähigkeiten	☐
Anwesenheit und Pünktlichkeit	☐
Haben Sie noch andere Talente und Fähigkeiten?	☐

Aktivität 2

Identifizierung nützlicher kognitiver Stärken

» Identifizieren und diskutieren Sie mit Ihrem Mentor oder Ihrer Mentorin Ihre kognitiven Fähigkeiten. Überlegen Sie, wie diese in einer Arbeitssituation nützlich sein könnten. Machen Sie sich während des Gesprächs Notizen dazu.

Gibt es Stärken, die derzeit bei der Arbeit nicht anerkannt werden und die für Ihren Arbeitgeber von Nutzen sein könnten?

Meine persönlichen Stärken:	Wie könnten mir diese Stärken bei der Arbeit nützen?

Aktivität 3

Ausfüllen des Fragebogens zu kognitiven oder organisatorischen Schwierigkeiten

» Welche Schwierigkeiten haben Sie mit Ihren kognitiven Fähigkeiten, zum Beispiel mit sich selbst, Ihrer Umgebung und damit, Ihre Zeit zu organisieren? Welche der folgenden Punkte könnten Ihnen am Arbeitsplatz Probleme bereiten?

Tragen Sie in die Tabelle den Schwierigkeitsgrad für jede Fähigkeit von 0 bis 10 ein, wobei 10 extrem schwierig bedeutet.

Kognitive und/oder organisatorische Schwierigkeiten

Schwierigkeitsgrad	Bewertung 0–10
Wissen und Organisieren, was für eine Aufgabe benötigt wird	
Planung Ihrer Aufgaben über einen Tag, eine Woche und einen Monat	
verbales Arbeitsgedächtnis (die Fähigkeit, sich an etwas mehrere Sekunden bis Minuten lang zu erinnern, während man über etwas anderes nachdenkt oder von etwas anderem abgelenkt ist)	
Abschätzen der Dauer von Aufgaben	
Ablenkung durch Details	
Erinnerung an gesprochene Anweisungen	
Hemmung von impulsiven Reaktionen oder Lösungen	
Wechsel der Aufmerksamkeit von einer Aufgabe zur anderen	
Umgang mit Fehlern	
Wissen, ob Sie gute Arbeit leisten	
Nachdenken über eine alternative Strategie	
höhere Standards als erforderlich	
Erledigung von Tätigkeiten in der richtigen Reihenfolge	
Einhaltung der konventionellen Verfahren	

Schwierigkeitsgrad	Bewertung 0–10
Bewältigung des Drangs, zu einer neuen Tätigkeit überzugehen, bevor die aktuelle Tätigkeit abgeschlossen ist	
Fähigkeit, impulsive Reaktionen zu hemmen	
Selbstreflexion und Selbstbeobachtung (inneres Gespräch)	
Zeitmanagement und Prioritätensetzung	
Bewältigung der Prokrastination (etwas anderes zu tun als die aktuelle Aufgabe)	
Anwendung neuer Strategien	
Fokus auf mehrere Dinge oder Multitasking	
Priorisierung von Aufgaben, wenn mehrere Anfragen vorliegen	
Haben Sie andere kognitive oder organisatorische Schwierigkeiten, die nicht aufgeführt sind? Welche sind das?	

Überlegen Sie, mit welchen drei kognitiven oder organisatorischen Fähigkeiten Sie am meisten Schwierigkeiten haben, und schreiben Sie sie hier auf:

1. ______________________________

2. ______________________________

3. ______________________________

Besprechen Sie mit Ihrer Mentorin oder Ihrem Mentor alle kognitiven oder organisatorischen Schwierigkeiten, die Sie festgestellt haben. Gehen Sie auf die drei, mit denen Sie die größten Schwierigkeiten haben, genauer ein.

Wie wirkt sich jede dieser drei Schwierigkeiten auf Ihre Arbeit aus?

Aktivität 4

Strategien bei organisatorischen Schwierigkeiten

» Besprechen Sie mit Ihrem Mentor oder Ihrer Mentorin Strategien zur Bewältigung von Schwierigkeiten mit organisatorischen Fähigkeiten. Ziehen Sie sowohl persönliche Bewältigungsmethoden als auch Veränderungen in der Umgebung in Betracht. Wir werden nun eine Reihe von Werkzeugen für organisatorische Schwierigkeiten untersuchen.

Wissen und Organisieren, was für die Aufgabe benötigt wird
Machen Sie eine Liste, was Sie brauchen, und streichen Sie die Dinge, die Sie bereits haben, bevor Sie mit der Aufgabe beginnen.

____

____

____

____

____

Machen Sie mit Ihrem Mobiltelefon ein Foto von den benötigten Geräten oder Ressourcen.

Zusätzliche Strategien aus der Diskussion:

____

____

____

____

____

Planung Ihrer Aufgaben über einen bestimmen Zeitraum:

- Führen Sie einen Terminkalender auf Papier oder verwenden Sie eine App auf Ihrem Mobiltelefon.
- Schätzen Sie den Zeitbedarf für jede Aktivität und erstellen Sie einen Zeitplan.

Zusätzliche Strategien aus der Diskussion:

____

____

____

____

____

Verbales Arbeitsgedächtnis
(die Fähigkeit, sich an gesprochene Anweisungen zu erinnern):

- Schreiben oder zeichnen Sie schnell auf, was Sie sich merken müssen oder nehmen Sie die Anweisungen mit Ihrem Mobiltelefon auf.
- Während Sie sich die Anweisungen anhören, stellen Sie sich in Ihrem Kopf ein Video vor, das zeigt, was zu tun ist. Möglicherweise können Sie sich an das Video besser erinnern als an die gesprochenen Anweisungen.

Zusätzliche Strategien aus der Diskussion:

____

____

____

____

____

Abschätzen der Dauer von Aufgaben:

- Fragen Sie jemanden, der die Aufgabe schon einmal erledigt hat, zum Beispiel eine Kollegin oder die Person, von der Sie die Anweisung oder Aufforderung erhalten haben, wie lange es voraussichtlich dauern wird, die Tätigkeit zu erledigen.
- Oder notieren Sie sich die einzelnen Phasen der Aufgabe und schätzen Sie, wie lange es dauern wird, jede einzelne Phase zu erledigen. Addieren Sie dann die Zeiten, um zu schätzen, wie lange es insgesamt dauern wird, die gesamte Aufgabe zu erledigen.

Zusätzliche Strategien aus der Diskussion:

____

____

____

____

____

Ablenkung durch Details:

- Verwenden Sie eine App auf Ihrem Mobiltelefon, die in Abständen Töne von sich gibt, die Sie daran erinnern, sich wieder auf die Priorität zu konzentrieren, um die Aktivität rechtzeitig zu beenden.

Zusätzliche Strategien aus der Diskussion:

____

____

____

____

____

Hemmung von impulsiven Reaktionen oder Lösungen:

- Denken Sie nach, bevor Sie handeln. Erwägen Sie mehrere Antworten, bevor Sie handeln, und entscheiden Sie, welche die klügste Reaktion ist.

Zusätzliche Strategien aus der Diskussion:

____

____

____

____

Wechsel der Aufmerksamkeit von einer Aufgabe zur anderen:

- Schaffen Sie sich eine innere Stimme (zum Beispiel ein guter Freund, eine Kollegin oder ein Elternteil), die Sie daran erinnert, bei Bedarf die Aufmerksamkeit zu wechseln. Die »Stimme« kann zum Beispiel sagen: »Du musst aufhören und dich auf die neue Aktivität konzentrieren.«
- Sie können auch eine App auf Ihrem Mobiltelefon verwenden, die Sie mit wechselnden Tönen daran erinnert, dass Sie die Aufmerksamkeit wechseln sollten.

Zusätzliche Strategien aus der Diskussion:

____

____

____

____

Umgang mit Fehlern:

- Lassen Sie sich nicht beunruhigen. Bleiben Sie ruhig und überlegt. Fehler passieren und bedeuten nicht, dass Sie dumm oder inkompetent sind.
- Versuchen Sie dann, den Fehler zu beheben, und bitten Sie vielleicht um Hilfe und Anleitung, was das Beste ist, was man tun kann.

Zusätzliche Strategien aus der Diskussion:

___

Wissen, ob Sie gute Arbeit leisten:

- Bitten Sie Ihren Vorgesetzten oder eine Kollegin um Bestätigung. Wählen Sie dazu einen Zeitpunkt, an dem die betreffende Person Ihre Arbeit überprüfen und kommentieren kann und nicht mit einer anderen Tätigkeit beschäftigt ist.

Zusätzliche Strategien aus der Diskussion:

Nachdenken über eine alternative Strategie:

- Je ruhiger Sie sind, desto flexibler und kreativer ist Ihr Denken, sodass Sie leichter eine alternative Strategie finden können.
- Ziehen Sie in Erwägung, jemanden um Hilfe zu bitten, damit zwei Köpfe an einer Strategie arbeiten können.

Zusätzliche Strategien aus der Diskussion:

Höhere Standards als erforderlich:

- Wenn Ihre Vorgesetzten mit Ihrer Arbeit zufrieden sind, reicht das aus.

Zusätzliche Strategien aus der Diskussion:

Erledigung der Tätigkeit in der richtigen Reihenfolge:

- Nehmen Sie die Abfolge der Aktivitäten auf Video oder Audio auf oder notieren Sie sich die einzelnen Bestandteile der Reihe nach. Streichen Sie dann jede Komponente durch, die Sie abgeschlossen haben.

Zusätzliche Strategien aus der Diskussion:

Einhaltung der konventionellen Verfahren:

- Machen Sie sich mit den Verfahren in Ihrem Unternehmen vertraut und halten Sie ggf. ein Exemplar bereit, damit Sie sich vergewissern können, dass Sie die von Ihrem Arbeitgeber erwarteten Verfahren befolgt haben.

Zusätzliche Strategien aus der Diskussion:

____

____

____

____

Bewältigung des Drangs, zu einer neuen Tätigkeit überzugehen, bevor die aktuelle Tätigkeit abgeschlossen ist:

- Verwenden Sie die Metapher eines Zuges, der in einem Bahnhof ankommt. Der Zugführer muss warten, bis alle Fahrgäste ausgestiegen und eingestiegen sind, bevor er die Fahrt zum nächsten Bahnhof antreten kann.

Zusätzliche Strategien aus der Diskussion:

____

____

____

____

Selbstreflexion und Selbstbeobachtung:

- Versuchen Sie, im Stillen mit sich selbst über die Tätigkeit zu sprechen, während Sie sie ausführen. Ihre innere Stimme erklärt die Tätigkeit wie ein Sportkommentator im Radio den Zuhörern das Sportereignis erklärt. Das erleichtert die Konzentration und verhindert Ablenkung.

Zusätzliche Strategien aus der Diskussion:

___

___

___

___

___

Zeitmanagement und Prioritätensetzung:

- Erstellen Sie eine Liste mit der Reihenfolge der Prioritäten und der Zeit, die für jede Aktivität benötigt wird.
- Verwenden Sie die Stoppuhr und die Alarmfunktion Ihres Mobiltelefons, um sich daran zu erinnern, wann Sie sich auf die nächste Priorität konzentrieren müssen.

Zusätzliche Strategien aus der Diskussion:

___

___

___

___

Bewältigung der Prokrastination:

- Wenn Sie in Ungewissheit »erstarren« oder von der Komplexität überwältigt sind, führen Sie eine Achtsamkeitsübung durch, zum Beispiel die Übung, bei der Sie jeden der fünf Sinne in Ihren Geist holen und die Informationen wahrnehmen, die für diesen Sinn verfügbar sind (Seite 16).
- Entscheiden Sie sich für eine Aufgabe und schenken Sie dieser Aufgabe Ihre volle Aufmerksamkeit, soweit es Ihnen möglich ist.
- Schreiben Sie jede Aufgabe auf. Ordnen Sie sie nach ihrer Logik oder Priorität und wählen Sie dann eine Aufgabe aus, mit der Sie beginnen. Nehmen Sie immer nur eine Aufgabe auf einmal in Angriff.

- Denken Sie daran, dass Sie immer nur eine Sache auf einmal tun können, und dass das Ziel darin besteht, die Aufgabe zu beginnen, nicht sie zu vollenden. Ihre Arbeit muss auch nicht perfekt sein.

Zusätzliche Strategien aus der Diskussion:

____

____

____

____

Neue Strategien anwenden:

- Verwenden Sie eine Entspannungsstrategie, zum Beispiel fünf langsame Atemzüge, um Ihren Körper zu beruhigen, bevor Sie eine neue Strategie ausprobieren.
- Erinnern Sie sich daran, dass die neue Strategie besser sein könnte und einen Versuch wert ist.

Zusätzliche Strategien aus der Diskussion:

____

____

____

____

Fokus auf mehrere Dinge oder Multitasking:

- Nutzen Sie die oben genannten Entspannungsstrategien, um so klar und ruhig wie möglich zu sein.
- Wenn Multitasking immer noch nicht möglich ist, entwickeln Sie ein Skript (Seite 80), mit dem Sie Ihrer Vorgesetzten das Problem erklären können, um einen Ausweg zu finden. Möglicherweise eignen Sie sich besser für Aufgaben, bei denen Sie sich nur auf eine Sache konzentrieren müssen.

Zusätzliche Strategien aus der Diskussion:

____

____

____

____

Priorisierung von Aufgaben:

- Halten Sie inne und wenden Sie eine Entspannungsstrategie an. Fragen Sie sich dann: »Was muss ich zuerst machen?«
- Oder bitten Sie Ihre Vorgesetzte oder einen Kollegen um Rat, wie Sie sich konzentrieren und Prioritäten setzen können.

Zusätzliche Strategien aus der Diskussion:

____

____

____

____

Persönliche Erkenntnisse aus Stufe 6

Drei Denk- und Lernfähigkeiten, die ich in meine Arbeit einbringe, sind:

1. ______________________________

2. ______________________________

3. ______________________________

Ich habe manchmal diese drei Schwierigkeiten mit der Organisation:

1. ______________________________

2. ______________________________

3. ______________________________

Drei neue Ideen, die ich ausprobieren könnte, um diese Schwierigkeiten zu bewältigen:

1. ______________________________

2. ______________________________

3. ______________________________

Drei Möglichkeiten, wie mein Unterstützungsteam mir helfen könnte:

1. ______________________________

2. ______________________________

3. ______________________________

Herzlichen Glückwunsch, Sie haben Stufe 6 geschafft!

Stufe 7

Der persönliche Beschäftigungsplan

Der persönliche Beschäftigungsplan soll Ihnen dabei helfen, Ihrem Unterstützungsteam am Arbeitsplatz, insbesondere Ihrem Arbeitgeber, die spezifischen Ideen und Strategien aufzuzeigen, die Ihnen zum Erfolg am Arbeitsplatz verhelfen werden. In unserem Programm haben wir bereits viele Themen behandelt, die wichtig sind, um Sie in Ihrem Arbeitsleben zu unterstützen. Einige dieser Informationen sind persönlich und Sie fühlen sich sicher nicht wohl dabei und es wäre möglicherweise auch nicht angebracht, diese Informationen mit Personen am Arbeitsplatz zu teilen, zum Beispiel mit Ihren Vorgesetzten. Dennoch wird es hilfreich sein, einige der Informationen weiterzugeben. Autismus-Spektrum-Störungen zu haben und mit neurotypischen Kollegen und Kolleginnen zusammenzuarbeiten, kann ein »Zusammenprall der Kulturen« sein. Neurotypische Menschen »verstehen« Menschen im Autismus-Spektrum oft nicht, und umgekehrt ist es genauso. Deshalb brauchen wir ein »Kulturaustauschprogramm«.

Unser Programm ist so aufgebaut, dass Sie über Autismus-Spektrum-Störungen informiert werden. Sie können dann überlegen, ob und wie diese Informationen auf Sie zutreffen. Sie können die Informationen individualisieren, sodass Sie Ihrem Arbeitgeber und Ihrem Betreuungsteam die Hilfsmittel, Ideen und Strategien mitteilen können, die Ihnen wahrscheinlich helfen werden, Ihre Ziele zu erreichen, zum Beispiel gut organisiert zu bleiben und die soziale Kommunikation am Arbeitsplatz zu bewältigen.

Aktivitäten

Aktivität 1

Ausfüllen des persönlichen Beschäftigungsplans

» Ziel dieses Plans ist es, eine Broschüre zu erstellen, in der Sie Ihrem Arbeitgeber und/oder Ihren Kolleginnen und Kollegen etwas über Ihre persönlichen Stärken und Kompetenzen, die am Arbeitsplatz von Nutzen sein können, sowie Ideen und Strategien zur Bewältigung bestimmter Herausforderungen mitteilen können.

Besprechen Sie mit Ihrem Mentor oder Ihrer Mentorin, welche Informationen Sie Ihrem Arbeitgeber mitteilen möchten. Vielleicht haben Sie Bedenken, wie einige der Informationen aufgenommen oder verwendet werden könnten. Jetzt ist ein guter Zeitpunkt, um diese Bedenken mit Ihrer Mentorin oder Ihrem Mentor zu besprechen und auch die möglichen Vorteile der Weitergabe bestimmter Informationen abzuwägen. Füllen Sie gemeinsam die folgenden Abschnitte aus, die auf den Aktivitäten basieren, die Sie in den vorherigen Stufen des Programms durchgeführt haben.

Meine wichtigsten allgemeinen Stärken am Arbeitsplatz (Stufe 1, Seite 30):

____

____

____

____

____

Meine wichtigsten persönlichen Stärken am Arbeitsplatz (Stufe 3, Seite 67):

____

____

____

Meine wichtigsten kognitiven Talente am Arbeitsplatz (Stufe 6, Seite 118):

Mögliche Quellen von Stress bei der Arbeit (Stufe 1, Seite 39):

Faktoren, die den Stress bei der Arbeit erhöhen können (Stufe 1, Seite 34) :

Meine besten Strategien gegen Stress bei der Arbeit (Stufe 1, Seite 44):

____

____

____

____

____

Sensorische Probleme bei der Arbeit (Stufe 2, Seite 58):

____

____

____

____

____

Strategien und Anpassungen, die bei sensorischen Problemen helfen (Stufe 2, Seite 63):

____

____

____

____

____

Zu den spezifischen sozialen Kommunikationsproblemen, mit denen ich am Arbeitsplatz konfrontiert sein könnte, gehören (Stufe 3, Seite 72):

Strategien, die mein Unterstützungsteam anwenden kann, um mir bei sozialen Kommunikationsschwierigkeiten zu helfen (Stufe 3, Seite 80):

Persönliche Strategien für soziale Kommunikationsprobleme, die ich am Arbeitsplatz anwenden kann (Stufe 3, Seite 83):

Zu den spezifischen, wenig hilfreichen Denkmustern, die ich am Arbeitsplatz verwende, gehören (Stufe 5, Seite 105):

Mein Unterstützungsteam kann mir dabei helfen, realistisch und hilfreich zu denken (Stufe 5, Seite 113):

Organisatorische Schwierigkeiten, die bei der Arbeit auftreten können (Stufe 6, Seite 121):

Zu meinen persönlichen Strategien bei organisatorischen Schwierigkeiten gehören (Stufe 6, Seite 124):

Möglichkeiten, wie mein Unterstützungsteam mir bei organisatorischen Schwierigkeiten helfen kann (Stufe 6, Seite 134):

Herzlichen Glückwunsch!

Sie haben jetzt das 7-Schritte-Programm für Menschen im Autismus-Spektrum abgeschlossen. Nehmen Sie sich etwas Zeit, um das auf eine für Sie sinnvolle Weise zu feiern und Ihre Bemühungen zu würdigen. Das Programm ist anstrengend, aber die Arbeit, die Sie investiert haben, ist es wert, denn Sie wissen jetzt mehr, haben ein besseres Selbstbewusstsein und Fähigkeiten, die Sie an Ihrem Arbeitsplatz einsetzen können. Mithilfe Ihres persönlichen Beschäftigungsplans werden Sie einen großen Teil der Schwierigkeiten bewältigen können, die an einem Arbeitsplatz für Menschen im Autismus-Spektrum auftreten können, einschließlich der Schwierigkeiten mit Angst, Sorgen und Stress, Reizüberflutung, nicht hilfreichen Denkmustern, sozialer Kommunikation sowie Organisations- und Planungsproblemen.

Führen Sie ein Exemplar Ihres persönlichen Beschäftigungsplans bei der Arbeit mit sich, damit Sie darauf verweisen können, wenn Sie aufgrund von Autismus-Spektrum-Störungen Schwierigkeiten haben.

Es kann hilfreich sein, Ihren persönlichen Beschäftigungsplan mit Ihrem Arbeitgeber oder der Personalabteilung zu teilen. Das ist allein Ihre Entscheidung, aber bevor Sie sich entscheiden, sollten Sie mit Ihrem Mentor oder Ihrer Mentorin über die Vor- und Nachteile einer Offenlegung oder Nichtoffenlegung sprechen.

Es gibt viele ausgezeichnete Bücher und andere Informationsmöglichkeiten zum Thema Autismus-Spektrum-Störungen und Beschäftigung. Wir haben die besten, die unseres Wissens zum Zeitpunkt der Drucklegung verfügbar waren, aufgenommen. Diese Liste befindet sich in unseren Empfehlungen (Seite 150).

Und nun wünschen wir Ihnen alles Gute für Ihre beruflichen Ziele. Setzen Sie das um, was Sie sich vorgenommen haben und was Sie während des Kurses gelernt haben.

Tony Attwood und Michelle Garnett

Notizen

Notizen

Notizen

Notizen

Notizen

Quellenverzeichnis

1 Attwood, T., Evans, C. and Lesko, A. (2014) Been There. Done That. Try This! An Aspie's Guide to Life on Earth. London and Philadelphia, PA: Jessica Kingsley Publishers.
2 Griffiths, S., Allison, C., Kenny, R., Holt, R., Smith, P. and Baron-Cohen, S. (2019) »The Vulnerability Experiences Quotient (VEQ): A study of vulnerability, mental health and life satisfaction in autistic adults.« Autism Research 12, 10.
3 Neary, P., Gilmore, L. and Ashburner, J. (2015) »Post-school needs of young people with high- functioning Autism Spectrum Disorder.« Research in Autism Spectrum Disorders 18, 1–11.
4 Loundes-Taylor, J., Henninger, N.A. and Mailick, M.R. (2015) »Longitudinal patterns of employment and postsecondary education for adults with autism and average-range IQ.« Autism 19, 7, 785–793.
5 Griffiths et al. 2019
6 zum Beispiel: Ecker, C., Bookheimer, S. and Murphy, D. (2015) »Neuroimaging in autism spectrum disorder: Brain structure and function across the lifespan.« The Lancet/Neurology 14, 1121–1134.
7 Lovibond, S.H. and Lovibond, P.F. (1995) Manual for the Depression Anxiety Stress Scales. (2nd edn). Sydney, NSW: Psychology Foundation.
8 Diagnostic and Statistical Manual of Mental Disorders, 5. Auflage; psychiatry.org/psychiatrists/practice/dsm
9 Tavassoli, T., Hoekstra, R.A. and Baron-Cohen, S. (2014) »The Sensory Perception Quotient (SPQ): Development and validation of a new sensory questionnaire for adults with and without autism.« Molecular Autism 5, 29.
10 Fox, K.C.R., Nijeboer, S., Dixon, M.L., Floman, J.L. et al. (2014) Is meditation associated with altered brain structure? A systematic review and meta-analysis of morphometric neuroimaging in meditation practitioners. Neuroscience and Biobehavioural Reviews 43, 48–73.
11 Manocha, R. (2016) Silence Your Mind. Sydney, NSW: Hachette.

Stichwortverzeichnis

Empfehlungen von Michelle Garnett und Tony Attwood

Zusatzmaterial (Videos, Audios in englischer Sprache):

library.jkp.com/redeem (letzter Zugriff: 21.09.2023)
Zugangscode: MMWZXGG

Weiterführende Literatur:

Stufe 1:

Attwood, T. and Garnett, M. (2016) Exploring Depression, and Beating the Blues: A CBT Self-Help Guide to Understanding and Coping with Depression in ASD [ASD-Level 1]. London and Philadelphia, PA: Jessica Kingsley Publishers.

Dubin, N. (2009) Asperger Syndrome and Anxiety: A Guide to Successful Stress Management. London and Philadelphia, PA: Jessica Kingsley Publishers.

Dubin, N. (2014) The Autism Spectrum and Depression. London and Philadelphia, PA: Jessica Kingsley Publishers.

Nason, B. (2019) The Autism Discussion Page: On Stress, Anxiety, Shutdowns and Meltdowns: Proactive Strategies for Minimizing Sensory, Social and Emotional Overload. London and Philadelphia, PA: Jessica Kingsley Publishers.

Wilkinson, L.A. (2015) Overcoming Anxiety and Depression on the Autism Spectrum: A Self-Help Guide Using CBT. London and Philadelphia, PA: Jessica Kingsley Publishers.

Stufe 2:

Bogdashina, O. (2020) Sensory Perceptual Issues in Autism and Asperger Syndrome: Different Sensory Experiences – Different Perceptual Worlds. London and Philadelphia, PA: Jessica Kingsley Publishers.

Hefferman, D. (2016) Sensory Issues for Adults with Autism Spectrum Disorder. London and Philadelphia, PA: Jessica Kingsley Publishers.

Stufe 3:

Gallup, S. (2017) Making Friends at Work: Learning to Make Positive Choices in Social Situations for People with Autism. London and Philadelphia, PA: Jessica Kingsley Publishers.

Grandin, T. and Barron, S. (2017) Unwritten Rules of Social Relationships: Decoding Social Mysteries Through the Unique Perspectives of Autism. Arlington, TX: Future Horizons, Inc.

Jordan, P. (2017) How to Start, Carry On and End Conversations: Scripts for Social Situations for People on the Autism Spectrum. London and Philadelphia, PA: Jessica Kingsley Publishers.

Tickle, A. and Stott, B. (2010) Exploring Bullying with Adults with Autism and Asperger Syndrome. London and Philadelphia, PA: Jessica Kingsley Publishers.

Stufe 4:

Bolls, U.D. (2013) Meditation for Aspies: Everyday Techniques to Help People with Asperger Syndrome Take Control and Improve their Lives. London and Philadelphia, PA: Jessica Kingsley Publishers.

Goodchild, C. (2017) Unclouded by Longing: Meditations on Autism and Being Present in an Overwhelming World. London and Philadelphia, PA: Jessica Kingsley Publishers.

Harris, R. (2017) Contemplative Therapy for Clients on the Autism Spectrum: A Reflective Integration Therapy™ Manual for Psychotherapists and Counsellors. London and Philadelphia, PA: Jessica Kingsley Publishers.

Manocha, R. (2016) Silence Your Mind. Sydney, NSW: Hachette.

Mitchell, C. (2008) Asperger's Syndrome and Mindfulness: Taking Refuge in the Buddha. London and Philadelphia, PA: Jessica Kingsley Publishers.

Mitchell, C. (2008) Mindful Living with Asperger's Syndrome: Everyday Mindfulness Practices to Help You Tune in to the Present Moment. London and Philadelphia, PA: Jessica Kingsley Publishers.

Stufe 5:

Clark, D.A. and Beck, A.T. (2012) The Anxiety and Worry Workbook: The Cognitive Behavioral Solution. New York, NY: Guilford Press.

Stufe 6:

Barkley, R. and Benton, C. (2010) Taking Charge of Adult ADHD. New York, NY: Guilford Press. Boissiere, P. (2018) Thriving with Adult ADHD: Skills to Strengthen Executive Functioning. Emeryville, CA: Althea Press.

Ratey, J. and Hallowell, E. (2011) Driven to Distraction: Recognizing and Coping with Attention Deficit Disorder. New York, NY: Anchor Books.

Safren, S.A., Sprich, S.E., Perlman, C.A. and Otto, M.W. (2017) Mastering Your Adult ADHD: A Cognitive-Behavioural Treatment Programme (Second edition). Oxford: Oxford Clinical Psychology.

Stufe 7:

Bissonnette, B. (2013) Asperger's Syndrome Workplace Survival Guide: A Neurotypical's Secrets for Success. London and Philadelphia, PA: Jessica Kingsley Publishers.

Edmonds, G. and Beardon, L. (2008) Asperger Syndrome and Employment: Adults Speak Out about Asperger Syndrome. London and Philadelphia, PA: Jessica Kingsley Publishers.

Simone, R. (2010) ASD on the Job: Must-Have Advice for People with ASD or High Functioning Autism and their Employers, Educators, and Advocates. Arlington, TX: Future Horizons.

Empfehlung der deutschen Redaktion

DASS-21:

psydix.org/psychologische-testverfahren/dass-21 (letzter Zugriff: 21.09.2023)

Infos zum Meditieren:

www.aok.de/pk/magazin/wohlbefinden/achtsamkeit/meditation-und-achtsamkeit (letzter Zugriff: 21.09.2023)

Bibliografische Information der Deutschen Nationalbibliothek
Die Deutsche Nationalbibliothek verzeichnet diese Publikation in der Deutschen Nationalbibliografie; detaillierte bibliografische Daten sind im Internet über http://dnb.d-nb.de abrufbar.

Programmplanung: Celestina Filbrandt
Projektmanagement: Elisa Salemi
Redaktion: Ursula Brunn-Steiner, Vaihingen/Enz
Bildredaktion: Christoph Frick, Marie Crämer

Umschlaggestaltung: © Thieme
Layout: CYCLUS · Visuelle Kommunikation, Stuttgart

Bildnachweis:
Covermotiv und Bild S. 3: © rikkyal/stock.adobe.com; Composed & edited by Thieme
Autorenfotos: privat
Zeichnung: Susi Schaaf, Bellheim

Die englische Originalausgabe erschien 2022 unter dem Titel »Autism Working« by Michelle Garnett and Tony Attwood.

1. Auflage 2024

TRIAS Verlag in Georg Thieme Verlag KG
Rüdigerstraße 14, 70469 Stuttgart, Germany
www.trias-verlag.de

Satz und Repro: Fotosatz Buck, Kumhausen
Druck: AZ Druck und Datentechnik GmbH, Kempten

Gedruckt auf chlorfrei gebleichtem Papier
Printed in Germany

ISBN 978-3-432-11836-9
eISBN (ePub) 978-3-432-11837-6

1 2 3 4 5 6

Wo datenschutzrechtlich erforderlich, wurden die Namen und weitere Daten von Personen redaktionell verändert (Tarnnamen). Dies ist grundsätzlich der Fall bei Patient*innen, ihren Angehörigen und Freund*innen, z. T. auch bei weiteren Personen, die z. B. in die Behandlung von Patient*innen eingebunden sind.

Thieme Publikationen streben nach einer fachlich korrekten und unmissverständlichen Sprache. Dabei lehnt Thieme jeden Sprachgebrauch ab, der Menschen beleidigt oder diskriminiert, beispielsweise aufgrund einer Herkunft, Behinderung oder eines Geschlechts. Thieme wendet sich zudem gleichermaßen an Menschen jeder Geschlechtsidentität. Die Thieme Rechtschreibkonvention nennt Autor*innen mittlerweile konkrete Beispiele, wie sie alle Lesenden gleichberechtigt ansprechen können. Die Ansprache aller Menschen ist ausdrücklich auch dort intendiert, wo im Text (etwa aus Gründen der Leseleichtigkeit, des Text-Umfangs oder des situativen Stil-Empfindens) z. B. nur ein generisches Maskulinum verwendet wird.

MIX
Papier | Fördert gute Waldnutzung
FSC® C008457

Unsere Umwelt ist uns wichtig!
Papier aus nachhaltigen und kontrollierten Quellen
Druck in Deutschland mit kurzen Lieferwegen
Druckereien mit hohen Ansprüchen an Ökologie